"十二五"职业教育国家规划教材
经全国职业教育教材审定委员会审定

工 程 造 价（第二版）

——计价、控制与案例

（工程造价与工程管理类专业适用）

夏清东　主编

U0198578

中国建筑工业出版社

图书在版编目（CIP）数据

工程造价——计价、控制与案例/夏清东主编. —2 版 .
北京：中国建筑工业出版社，2014.5
"十二五"职业教育国家规划教材
经全国职业教育教材审定委员会审定
（工程造价与工程管理类专业适用）
ISBN 978-7-112-16460-8

Ⅰ.①工… Ⅱ.①夏… Ⅲ.①工程造价-高等学校-教材
Ⅳ.①TU723.3

中国版本图书馆 CIP 数据核字(2014)第 032311 号

本书采用"例子解释原理与方法运用"、"案例串联章节知识点"的编写方式，系统地介绍了工程造价原理、工程造价咨询、造价工程师执业资格制度、工程造价构成、决策与设计阶段工程造价、施工阶段工程造价、竣工阶段工程造价的计价与控制方法的应用。全书共分五章，各章后均附有串联全章知识点的综合案例分析和练习题，书末附有练习题参考答案，为教师教学、学生自学提供方便。

本书主要作为工程造价与工程管理类专业的高职高专教材，也可作为工程规划、咨询、设计、施工、管理等单位的工程造价与工程经济管理专业人员的参考书。

本书附配套素材，下载地址：www.cabp.com.cn/td/cabp 25292.rar

责任编辑：张　晶　刘平平
责任设计：张　虹
责任校对：李美娜　刘梦然

"十二五"职业教育国家规划教材
经全国职业教育教材审定委员会审定

工程造价（第二版）
——计价、控制与案例
（工程造价与工程管理类专业适用）
夏清东　主编

＊

中国建筑工业出版社出版、发行（北京西郊百万庄）
各地新华书店、建筑书店经销
北京红光制版公司制版
北京建筑工业印刷厂印刷

＊

开本：787×1092毫米　1/16　印张：10　字数：243千字
2014 年 8 月第二版　　2014 年 8 月第三次印刷
定价：**23.00** 元（附网络下载）
ISBN 978-7-112-16460-8
(25292)

第二版前言

《工程造价——计价、控制与案例》作为一本面向高职高专院校工程造价和工程经济管理类专业的专门教材，自2011年5月出版以来，已在多所院校的相关专业中使用，受到了广大师生的好评与欢迎。随着我国建筑业的发展和各高职高专院校教学改革的深入，工程造价课程的授课要求也发生了变化，为了更好地适应发展与变化，满足使用院校师生的需要，本书（第二版）对原书进行了修订。修订工作主要体现在三个方面：

一是将我国建筑领域新近出台的政策法规融入教材，使广大使用者及时了解政府现行政策导向；

二是注重内容的针对性和知识点的提炼，坚持用例子解释原理，用案例串联章节知识点，方便教师教学和学生自学；

三是对各章控制学时进行了调整，使教材更适宜各校实际学时。

使用本书作为"工程造价管理"课程，或"工程造价控制"课程，或"工程造价计价与控制"课程的教材时，建议总学时为48～60学时，各章控制学时建议：

第1章　工程造价概论：6～8学时

第2章　工程造价构成：8～12学时

第3章　决策与设计阶段工程造价：14～16学时

第4章　施工阶段工程造价：14～16学时

第5章　竣工阶段工程造价：6～8学时

虽然编者在本次修订过程中力求严谨和正确，但限于学识水平与能力，书中尚存不尽如人意之处，恳请读者不吝指正。

前　言

本书是针对高职高专院校工程造价和工程经济管理类专业的"工程造价管理"、"工程造价控制"、"工程造价计价与控制"等课程编写的专门教材。与同类教材相比，本书在内容取舍与组织方式上有以下两个特点：

1. 内容选择的独立性。为了避免与工程造价和工程经济管理类专业的相关专业课内容重复，本书仅对工程造价，工程造价咨询，造价工程师执业资格制度，工程造价构成和项目建设期间的决策、设计、施工、竣工等阶段工程造价的计价与控制方面的知识进行了提炼，内容相对独立且有针对性。

2. 组织方式的实用性。本书通过用例子解释原理与方法的运用、用综合案例串联各章知识点的方式，把重点放在讲清工程造价计价与控制方法的应用方面，突出高职高专工程造价和工程经济管理类专业学生的专业技能培养和实际应用能力的提高，便于教师组织教学和学生自学。

使用本书作为"工程造价管理"课程，或"工程造价控制"课程，或"工程造价计价与控制"课程的教材时，建议课程总学时为52～72学时，各章控制学时建议：

教学单元1　工程造价概论：6～10学时

教学单元2　工程造价构成：10～14学时

教学单元3　决策与设计阶段工程造价：16～20学时

教学单元4　施工阶段工程造价：14～18学时

教学单元5　竣工阶段工程造价：6～10学时

本书是在夏清东、刘钦2004年主编的《工程造价管理》基础上，根据编者几年来的教学与实践经验，并吸收我国近年工程造价领域的政府新政策、高职高专学生培养新要求和同行新成果修改补充而成的。本书在编写过程中参考了众多的教材与著作，在此向其作者表示衷心的感谢。在本书编写过程中难免会出现错误，敬请使用者批评指正。

目　　录

1 工 程 造 价 概 论

教学目标：引导学生进入工程造价专业领域，使学生对工程造价、工程建设程序、工程造价咨询、造价工程师执业制度有一个全面的认识。

知 识 点：工程造价的概念、工程建设程序中各阶段的计价、工程造价咨询的概念、政府对工程造价咨询企业的管理、造价工程师执业资格制度、造价工程师考试制度、造价工程师注册制度、造价工程师执业制度。

学习提示：通过示例，理解工程、工程造价；通过示意图，理解工程项目建设程序与计价的关系；弄清楚工程造价专业将来主要就业的行业——工程造价咨询业；弄清楚工程造价专业毕业生将来的主要职业通道——造价工程师制度。

1.1 工程造价基础知识

1.1.1 工程

工程有广义和狭义之分。狭义的工程定义为：以设想的目标为依据，应用有关的科学知识和技术手段，通过一群人的有组织活动将某个（或某些）现有实体（自然的或人造的）转化为具有预期使用价值的人造产品过程。广义的工程则定义为：由一群人为达到某种目的，在一个较长时间周期内进行协作活动的过程。

例如：水利工程、土木建筑工程、城市改建工程、京九铁路工程等。

1.1.2 工程项目

工程项目是指投资建设领域中的项目，即为某种特定目的而进行投资建设并含有一定建筑或建筑安装工程的项目。

例如：建设一定生产能力的流水线；建设一定制造能力的工厂或车间；建设一定长度和等级的公路；建设一定规模的医院、文化娱乐设施；建设一定规模的住宅小区等。

1.1.3 工程造价

工程造价是指进行某个工程项目建设所花费的全部费用。

工程造价是一个广义概念，从不同的角度看问题，工程造价的含义不同。

从投资者的角度看，工程造价是指建设一项工程项目预期或实际开支的全部费用。投资者为了获得预期效益，就要对拟投资的项目进行策划、决策、实施，直至竣工验收等一系列投资管理活动。在整个活动中所支付的全部费用就构成了工程造价。

例如：某房地产开发商开发一个楼盘，从楼盘的策划到楼盘建成使用的全部过程中所投入的资金，就构成了该房地产开发商在这个楼盘上的工程造价。

从市场交易角度看，工程造价是指为建成一项工程项目，预计或实际在土地市场、设备市场、技术劳务市场以及承发包市场等交易活动中所形成的建筑安装工程的价格和建设工程总价格。

1.1.4 工程项目建设程序与计价（图1-1）

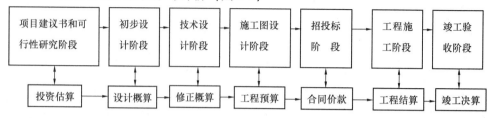

图1-1 工程项目建设程序与计价关系图

1. 投资估算：是对拟建项目的投资进行的预测，是项目决策、筹资和控制造价的主要依据。

2. 设计概算：是根据初步设计意图和有关概算定额、指标等，通过编制概算文件，测算和限定的工程造价。设计概算较投资估算准确性有所提高，但受估算造价控制。设计概算可分为建设项目总概算、单项工程概算和单位工程概算三个层次。

3. 修正概算：当采用三阶段设计时，在技术设计阶段，随着对初步设计的深化，建设规模、结构性质、设备类型等方面可能要进行必要的修改，因此初步设计概算也需要做必要的修正。一般情况下，修正概算造价不能超过概算造价。

4. 工程预算：又称施工图预算，是指在施工图设计阶段，根据施工图纸、预算定额以及各种计价依据和有关规定计算的工程造价。它比设计概算或修正概算更为详尽和准确，但不能超过设计概算造价。

5. 合同价款：是指工程招投标阶段，在签订总承包合同、建筑安装工程承包合同、设备材料采购合同时，由发包方和承包商共同协商一致作为双方结算基础的工程价格。合同价款属于工程项目的市场价格，但它并不等同于工程项目实际造价。

6. 工程结算：是指在工程项目实施阶段，以合同价为基础，考虑设备与材料市场实际价格、工程变更等因素，按合同规定的调价范围和调价方法对合同价进行必要调整后确定的价格。结算价是该结算工程的实际价格。

7. 竣工决算：是指在竣工验收阶段，根据工程建设过程中发生的全部费用，最终计算出的工程实际造价。

1.2 工程造价咨询

1.2.1 工程造价咨询

工程造价咨询是指工程造价咨询企业面向社会接受委托，承担工程项目建设的可行性研究与经济评价，进行工程项目的投资估算、设计概算、工程预算、工程结算、竣工决算、工程招标标底、投标报价的编制和审核，对工程造价进行监控以及提供有关工程造价信息资料等业务工作。

1.2.2 工程造价咨询企业

工程造价咨询企业，是指接受委托，对建设项目投资、工程造价的确定与控制提供专业咨询服务的企业。工程造价咨询企业应当依法取得工程造价咨询企业资质，并在其资质等级许可的范围内从事工程造价咨询活动。工程造价咨询企业从事工程造价咨询活动，应当遵循独立、客观、公正、诚实信用的原则，不得损害社会公共利益和他人的合法权益。

1. 乙级工程造价咨询企业资质标准

(1) 企业出资人中，注册造价工程师人数不低于出资人总人数的 60%，且其出资额不低于注册资本总额的 60%；

(2) 技术负责人已取得造价工程师注册证书，并具有工程或工程经济类高级专业技术职称，且从事工程造价专业工作 10 年以上；

(3) 专职专业人员不少于 12 人，其中，具有工程或者工程经济类中级以上专业技术职称的人员不少于 8 人，取得造价工程师注册证书的人员不少于 6 人，其他人员具有从事工程造价专业工作的经历；

(4) 企业与专职专业人员签订劳动合同，且专职专业人员符合国家规定的职业年龄（出资人除外）；

(5) 专职专业人员人事档案关系由国家认可的人事代理机构代为管理；

(6) 企业注册资本不少于人民币 50 万元；

(7) 具有固定的办公场所，人均办公建筑面积不少于 $10m^2$；

(8) 技术档案管理制度、质量控制制度、财务管理制度齐全；

(9) 企业为本单位专职专业人员办理的社会基本养老保险手续齐全；

(10) 暂定期内工程造价咨询营业收入累计不低于人民币 50 万元；

(11) 申请核定资质等级之日前无违规行为。

2. 甲级工程造价咨询企业资质标准

(1) 已取得乙级工程造价咨询企业资质证书满 3 年；

(2) 企业出资人中，注册造价工程师人数不低于出资人总人数的 60%，且其出资额不低于企业注册资本总额的 60%；

(3) 技术负责人已取得造价工程师注册证书，并具有工程或工程经济类高级专业技术职称，且从事工程造价专业工作 15 年以上；

(4) 专职专业人员不少于 20 人，其中，具有工程或者工程经济类中级以上专业技术职称的人员不少于 16 人，取得造价工程师注册证书的人员不少于 10 人，其他人员具有从事工程造价专业工作的经历；

(5) 企业与专职专业人员签订劳动合同，且专职专业人员符合国家规定的职业年龄（出资人除外）；

(6) 专职专业人员人事档案关系由国家认可的人事代理机构代为管理；

(7) 企业注册资本不少于人民币 100 万元；

(8) 企业近 3 年工程造价咨询营业收入累计不低于人民币 500 万元；

(9) 具有固定的办公场所，人均办公建筑面积不少于 $10m^2$；

(10) 技术档案管理制度、质量控制制度、财务管理制度齐全；

(11) 企业为本单位专职专业人员办理的社会基本养老保险手续齐全；

(12) 在申请核定资质等级之日前 3 年内无违规行为。

1.2.3 政府对工程造价咨询企业的管理

1. 资质许可

(1) 申请甲级工程造价咨询企业资质的，应当向申请人工商注册所在地省、自治区、直辖市人民政府建设主管部门或者国务院有关专业部门的主管部门提出。主管部门应当自受理申请材料之日起20日内审查完毕，并将初审意见和全部申请材料报国务院建设主管部门。国务院建设主管部门应当自受理之日起20日内作出决定。

（2）申请乙级工程造价咨询企业资质的，由省、自治区、直辖市人民政府建设主管部门审查决定。其中，申请有关专业乙级工程造价咨询企业资质的，由省、自治区、直辖市人民政府建设主管部门商同级有关专业部门审查决定。作出决定之日起30日内，将准予资质许可的决定报国务院建设主管部门备案。

（3）申请工程造价咨询企业资质，应当提交下列材料并同时在网上申报：

1）《工程造价咨询企业资质等级申请书》；

2）专职专业人员（含技术负责人）的造价工程师注册证书、造价员资格证书、专业技术职称证书和身份证；

3）专职专业人员（含技术负责人）的人事代理合同和企业为其交纳的本年度社会基本养老保险费用的凭证；

4）企业章程、股东出资协议并附工商部门出具的股东出资情况证明；

5）企业缴纳营业收入的营业税发票或税务部门出具的缴纳工程造价咨询营业收入的营业税完税证明；企业营业收入含其他业务收入的，还需出具工程造价咨询营业收入的财务审计报告；

6）工程造价咨询企业资质证书；

7）企业营业执照；

8）固定办公场所的租赁合同或产权证明；

9）有关企业技术档案管理、质量控制、财务管理等制度的文件；

10）法律、法规规定的其他材料。

新申请工程造价咨询企业资质的，不需要提交前款第（5）、（6）项所列材料，资质等级按乙级核定，设暂定期一年。暂定期届满需继续从事工程造价咨询活动的，应在暂定期届满30日前，向资质许可机关申请换发资质证书。符合乙级资质条件的，由资质许可机关换发资质证书。

（4）工程造价咨询企业资质证书由国务院建设主管部门统一印制，分正本和副本。

（5）工程造价咨询企业资质有效期为3年。资质有效期届满，需要继续从事工程造价咨询活动的，应当在资质有效期届满30日前向资质许可机关提出资质延续申请。资质有效期延续3年。

（6）工程造价咨询企业的名称、住所、组织形式、法定代表人、技术负责人、注册资本等事项发生变更的，应当自变更确立之日起30日内，到资质许可机关办理资质证书变更手续。

（7）工程造价咨询企业合并的，合并后存续或者新设立的工程造价咨询企业可以承继合并前各方中较高的资质等级，但应当符合相应的资质等级条件。企业分立的，只能由分立后的一方承继原工程造价咨询企业资质。

2. 工程造价咨询管理

（1）工程造价咨询企业从事工程造价咨询活动不受行政区域限制。甲级企业可以从事各类建设项目的工程造价咨询业务；乙级企业可以从事造价5000万元人民币以下的各类建设项目的工程造价咨询业务。

（2）工程造价咨询业务范围：

1）建设项目建议书及可行性研究投资估算、项目经济评价报告的编制和审核；

2）建设项目概预算的编制与审核，并配合设计方案比选、优化设计、限额设计等工作进行工程造价分析与控制；

3）建设项目合同价款的确定（包括招标工程工程量清单和标底、投标报价的编制和审核），合同价款的签订与调整（包括工程变更、工程洽商和索赔费用的计算）及工程款支付，工程结算及竣工结（决）算报告的编制与审核等；

4）工程造价经济纠纷的鉴定和仲裁的咨询；

5）提供工程造价信息服务等。

（3）企业在承接各类建设项目的工程造价咨询业务时，应当与委托人订立书面工程造价咨询合同。

（4）企业从事工程造价咨询业务，应当按照有关规定的要求出具工程造价成果文件。成果文件应当由工程造价咨询企业加盖有企业名称、资质等级及证书编号的执业印章，并由执行咨询业务的注册造价工程师签字、加盖执业印章。

（5）企业跨省、自治区、直辖市承接工程造价咨询业务的，应当自承接业务之日起30日内到建设工程所在地省、自治区、直辖市人民政府建设主管部门备案。

（6）企业不得有下列违规行为：

1）涂改、倒卖、出租、出借资质证书，或者以其他形式非法转让资质证书；

2）超越资质等级业务范围承接工程造价咨询业务；

3）同时接受招标人和投标人或两个以上投标人对同一工程项目的工程造价咨询业务；

4）以给予回扣、恶意压低收费等方式进行不正当竞争；

5）转包承接的工程造价咨询业务；

6）法律、法规禁止的其他行为。

（7）企业未经委托人书面同意，不得对外提供工程造价咨询服务过程中获知的当事人的商业秘密和业务资料。

（8）县级以上地方政府建设主管部门、有关专业部门对工程造价咨询业务活动实施监督检查。

（9）监督检查机关有权采取下列措施：

1）要求被检查单位提供企业资质证书、造价工程师注册证书，有关工程造价咨询业务的文档，有关技术档案管理制度、质量控制制度、财务管理制度文件；

2）进入被检查单位进行检查，查阅工程造价咨询成果文件以及工程造价咨询合同等相关资料。

监督检查机关应当将监督检查的处理结果向社会公布。

（10）监督检查机关进行监督检查时，应当有两名以上监督检查人员参加，并出示执法证件，不得妨碍被检查单位的正常经营活动，不得索取或者收受财物、谋取其他利益。

（11）工程造价咨询企业取得资质后，不再符合相应资质条件的，资质许可机关根据利害关系人的请求或者依据职权，可以责令其限期改正；逾期不改的，撤回其资质。

（12）工程造价咨询企业应当向资质许可机关提供真实、准确、完整的工程造价咨询企业信用档案信息。信用档案应当包括工程造价咨询企业的基本情况、业绩、良好行为、不良行为等内容。

3. 法律责任

（1）申请人隐瞒有关情况或者提供虚假材料申请工程造价咨询企业资质的，不予受理或者不予资质许可，并给予警告，申请人在1年内不得再次申请工程造价咨询企业资质。

（2）以欺骗、贿赂等不正当手段取得工程造价咨询企业资质的，由县级以上地方人民政府建设主管部门或者有关专业部门给予警告，并处以1万元以上3万元以下的罚款，申请人3年内不得再次申请工程造价咨询企业资质。

（3）未取得工程造价咨询企业资质从事工程造价咨询活动或者超越资质等级承接工程造价咨询业务的，出具的工程造价成果文件无效，由县级以上地方人民政府建设主管部门或者有关专业部门给予警告，责令限期改正，并处以1万元以上3万元以下的罚款。

（4）企业不及时办理资质证书变更手续的，由资质许可机关责令限期办理；逾期不办理的，可处以1万元以下的罚款。

（5）有下列行为之一的，由县级以上地方人民政府建设主管部门或者有关专业部门给予警告，责令限期改正；逾期未改正的，可处以5000元以上2万元以下的罚款：

1）新设立分支机构不备案的；

2）跨省、自治区、直辖市承接业务不备案的。

（6）企业有违规行为之一的，由县级以上地方人民政府建设主管部门或者有关专业部门给予警告，责令限期改正，并处以1万元以上3万元以下的罚款。

1.3 造价工程师执业资格制度

1.3.1 造价工程师执业资格制度

造价工程师执业资格制度属于国家统一规划的专业技术人员执业资格制度，是国家为了加强建设工程造价专业技术人员执业准入控制和管理，确保建设工程造价管理工作质量，维护国家和社会公共利益制定的制度。

凡从事工程建设活动的建设、设计、施工、工程造价咨询、工程造价管理等单位和部门必须在计价、评估、审查（核）、控制及管理等岗位配备有造价工程师执业资格的专业技术人员。

人力资源和社会保障部与住房和城乡建设部共同负责全国造价工程师执业资格制度的政策制定、组织协调、资格考试、注册登记和监督管理工作。

1.3.2 造价工程师考试制度

造价工程师执业资格考试实行全国统一大纲、统一命题、统一组织的办法，原则上每年举行一次。

住房和城乡建设部负责考试大纲的拟定、培训教材的编写和命题工作，人力资源和社会保障部负责审定考试大纲、考试科目和试题、组织或授权实施各项考务工作，并会同住房和城乡建设部对考试进行监督、检查、指导和确定合格标准。

凡中华人民共和国公民，遵纪守法并具备以下条件之一者，均可申请参加造价工程师执业资格考试：

（1）工程造价专业大专毕业后，从事工程造价业务工作满5年；工程或工程经济类大专毕业后，从事工程造价业务工作满6年；

（2）工程造价专业本科毕业后，从事工程造价业务工作满4年；工程或工程经济类本科毕业后，从事工程造价业务工作满5年；

（3）获上述专业第二学士学位或研究生毕业和获硕士学位后，从事工程造价业务工作满3年；

（4）获上述专业博士学位后，从事工程造价业务工作满2年。

申请参加造价工程师执业资格考试，需提供下列证明文件：

（1）造价工程师执业资格考试报名申请表；

（2）学历证明；

（3）工作实践经历证明。

考试报名时间一般安排在每年的4月进行（以当地人事考试部门公布的时间为准）。报考者由本人提出申请，经所在单位审核同意后，携带有关证明材料到当地人事考试管理机构办理报名手续。

造价工程师执业资格考试设四个科目：

（1）工程造价管理基础理论与相关法规；

（2）工程造价计价与控制；

（3）建设工程技术与计量（本科目分土建和安装两个专业，考生可任选其一）；

（4）工程造价案例分析。

工程造价案例分析为主观题，在答题纸上作答，其余3科均为客观题，在答题卡上作答，计算机阅卷。

考试分4个半天进行，工程造价管理相关知识和建设工程技术与计量的考试时间均为两个半小时；工程造价计价与控制的考试时间为3个小时；工程造价案例分析的考试时间为3个半小时。

考试以两年为一个周期，参加全部科目考试的人员须在连续两个考试年度内通过全部科目的考试。

通过造价工程师执业资格考试的合格者，由省、自治区、直辖市人事（职改）部门颁发人力资源和社会保障部统一印刷、人力资源和社会保障部与住房和城乡建设部共同用印的造价工程师执业资格证书，该资格证书在全国范围有效。

1.3.3 造价工程师注册制度

造价工程师执业资格实行注册登记制度。

注册造价工程师是指经全国造价工程师执业资格统一考试合格，取得造价工程师执业资格证书，并按规定注册，取得《中华人民共和国注册造价工程师注册证书》和执业专用章，从事工程造价业务活动的专业人员。

未取得注册证书及执业专用章的人员，不得以注册造价工程师的名义从事工程造价业务活动。

1. 初始注册

申请造价工程师初始注册的人员应受聘于一个工程造价咨询企业，如：工程建设领域的建设、勘察设计、施工、招标代理、工程监理、工程咨询或工程造价管理机构。

申请注册人员应先由本人通过聘用单位提出注册申请送初审机构；初审机构提出初审意见；报住房和城乡建设部核准。省、自治区、直辖市人民政府建设主管部门、国务院有关部门是造价工程师注册核准的初审机构。

初始注册者，可自资格证书签发之日起 3 年内提出申请。逾期未申请者，须符合本专业继续教育的要求后方可申请初始注册。

初始注册需要提交下列材料：

（1）《造价工程师初始注册申请表》；

（2）资格证书复印件；

（3）申请人与聘用单位签订的聘用劳动合同复印件；

（4）注册在工程造价咨询企业的人员，除提交上述资料外，还需提供本单位的工程造价咨询企业资质证书复印件及本人社会养老保险证明；

（5）逾期初始注册的，应提供达到继续教育要求的证明材料。

有下列情形之一的，不予初始注册：

（1）不具有完全民事行为能力的；

（2）受到刑事处罚不足 3 年的；

（3）在工程造价业务中有重大过失，受过行政处罚或者撤职以上行政处分不足 3 年的；

（4）在申请注册过程中有弄虚作假行为的；

（5）年龄满 70 岁以上的。

2. 续期注册

注册造价工程师每一注册期为 4 年，注册期满需继续执业的，应在注册期满前 30 日，按照本规定第五条规定的程序申请续期注册。

续期注册需要提交下列材料：

（1）造价工程师延续注册申请表；

（2）注册证书；

（3）申请人与聘用单位签订的聘用劳动合同复印件；

（4）申请人注册期内达到继续教育要求的证明材料。

造价工程师有下列情形之一的，不予续期注册：

（1）连续两年无造价工作业绩的；

（2）同时在两个以上单位执业的；

（3）未按照规定参加造价工程师继续教育或者连续两年继续教育未达到标准的；

（4）允许他人以本人名义执业的；

（5）在工程造价活动中有弄虚作假行为的；

（6）在工程造价活动中有过失，造成重大损失的；

（7）年龄满 70 岁以上的。

3. 变更注册与失效注册

在注册有效期内，造价工程师变更执业单位，应与原聘用单位解除劳动关系，并按规定的程序办理变更注册手续，变更注册后仍延续原注册有效期。

变更注册需要提交下列材料：

（1）申请人变更注册申请表；

（2）申请人与新聘用单位签订的聘用劳动合同复印件；

（3）申请人的工作调动证明或者与原聘用单位解除聘用劳动合同的证明文件、退休人员的退休证明；

（4）新聘用单位为工程造价咨询企业的，还应提供本单位的工程造价咨询单位资质证书复印件及本人社会养老保险证明。

造价工程师有下列情形之一的，其注册证书和执业印章失效：

（1）聘用单位破产的；

（2）聘用单位被吊销营业执照的；

（3）聘用单位相应资质证书被注销的；

（4）已与聘用单位解除聘用劳动关系的；

（5）注册有效期满且未延续注册的；

（6）死亡或者丧失行为能力的。

4. 注销注册与重新注册

注册造价工程师有下列情形之一的，负责审批的部门应当办理注销注册手续，收回注册证书和执业专用章或者公告其注册证书和执业专用章作废：

（1）有不予续期注册之一情形发生的；

（2）在工程造价业务中有重大过失，受过行政处罚或者撤职以上行政处分的；

（3）在申请注册过程中有弄虚作假行为的；

（4）年龄满 70 岁以上的；

（5）未通过续期注册的；

（6）受到刑事处罚的；

（7）法律、法规规定应当注销注册的其他情形。

注册失效者、注销注册和不予注册者，在 3 年后重新具备初始注册条件，并符合继续教育要求后，可按规定程序重新申请注册。

5. 注销证书与专用章的管理

造价工程师注册证书由住房和城乡建设部统一印制，执业专用章由各省级或部门注册机构按照住房和城乡建设部统一的印模样式制作。

取得注册资格的造价工程师由省级或部门注册机构代发注册证书，其中对在具有工程造价咨询资质单位注册的人员尚应代发执业专用章。

注册证书和执业专用章的有效期为 8 年。在办理第二次续期注册时换发新的注册证书和执业专用章，同时将原注册证书和执业专用章收回。

注册证书和执业专用章是造价工程师的执业凭证，由注册造价工程师本人保管、使用。

注册证书、执业专用章丢失，应在一个月内登报声明作废，并持登报声明及有效身份证件到注册机构办理补办手续。

注册证书和执业专用章不得伪造、涂改、转借、抵押和损毁。

未办理续期注册或续期注册不合格的造价工程师，其注册证书和执业专用章由省级或部门注册机构收回或公布作废。

造价工程师执业专用章分 A、B 两类，A 类为在具有工程造价咨询企业资质的单位注册的人员使用；B 类为除 A 类以外，其他单位符合注册条件的人员使用。

1.3.4 造价工程师的权利、义务与继续教育制度

注册造价工程师享有下列权利：

(1) 使用注册造价工程师称谓；

(2) 在规定范围内从事工程造价咨询活动；

(3) 保管和使用本人的注册证书和专用章；

(4) 对本人执业活动进行解释和辩护；

(5) 获得相应的劳动报酬；

(6) 对侵犯本人权利的行为进行申诉。

造价工程师应当履行下列义务：

(1) 遵守法律、法规和有关管理规定；

(2) 保证执业活动成果的质量，并承担相应责任；

(3) 接受继续教育，努力提高执业水准；

(4) 在本人执业活动所形成的工程造价成果文件上签字、加盖专用章；

(5) 保守在执业中知悉的国家秘密和他人的商业、技术秘密；

(6) 不得涂改、出租、出借或者以其他形式非法转让注册证书或者专用章；

(7) 协助注册管理机构完成相关工作。

注册造价工程师在每一注册期内应达到规定的继续教育要求。继续教育作为注册造价工程师逾期初始注册、续期注册和重新申请注册的条件。

注册造价工程师继续教育学习由中国建设工程造价管理协会负责制定实施办法并组织实施。

1.3.5 造价工程师执业制度

造价工程师的受聘单位一般应与其注册单位相同。注册于具有工程造价咨询资质企业的，可以注册造价工程师的名义从事建设工程造价咨询活动，并可使用注册造价工程师执业专用章；注册于其他单位的，可以注册造价工程师的名义从事本单位交办的工程造价业务。

注册造价工程师的执业范围：

(1) 建设项目投资估算的编制、审核及项目经济评价；

(2) 工程概算、工程预算、工程量清单、工程结算、竣工决算、工程招标标底价、投标报价的编制、审核；

(3) 工程变更及合同价款的调整和索赔费用的计算；

(4) 建设项目各阶段的工程造价控制；

(5) 工程经济纠纷的鉴定；

(6) 工程造价计价依据的编制、审核；

(7) 与工程造价业务有关的其他事项。

工程造价成果文件，应当由注册造价工程师签字。经注册造价工程师签字并加盖注册造价工程师执业专用章的工程造价成果文件，应当作为办理审批、报建、拨付工程价款和工程结算的依据。

修改经注册造价工程师签字、盖章的工程造价文件，应当由该注册造价工程师进行；因特殊情况，该注册造价工程师不能进行修改的，应由其他注册造价工程师修改，并签字、加盖执业专用章，对修改部分承担责任。

注册造价工程师从事工程造价咨询服务，由所在单位按规定向委托方收取咨询费。因工程造价文件造成的经济损失，聘用单位可依法向负有过错的造价工程师追偿。

综合案例分析

1. 背景资料

某市现有的图书馆由于不适合该市发展的需要，拟投资兴建一座新的市图书馆。经过市人民代表大会的充分讨论，投资兴建新图书馆的意向已经通过，但对建设规模、建筑形式等细节还没有确定。市政府通过招投标的方式最终选择了兴业咨询公司来做该工程的可行性研究工作。市政府筹建办在与兴业咨询公司进行了广泛协商后，双方签订了咨询合同。

兴业咨询公司是一家著名的甲级资质工程咨询公司，在公司的 867 名工作人员中，有注册造价工程师 32 人，公司曾经承担过多项大型工程项目的咨询工作，有着丰富的经验。在承揽到市新建图书馆的咨询任务时，公司正处于年检阶段，工作较紧张。加上公司还有许多其他的工程项目正在做，人手显得不足。

公司为了保证信誉，也为以后新建的市图书馆工程在实施期间承揽到该工程的监理任务做准备，抽调了有经验的和素质好的老、中、青人员 7 人组成了市图书馆工程咨询组，张超也在这个咨询组。张超是今年刚毕业的工程管理专业的硕士研究生，能加入这个咨询组，张超感到既兴奋又有压力。兴奋的是自己一走上工作岗位就遇到了这么一个大工程，对积累经验和以后更好地开展工作肯定会有帮助，有压力的是因为他想在明年报考国家注册造价工程师，担心因工作紧张会影响复习。经过一番考虑，张超决定边工作边复习，好在这个组里面有两名注册造价工程师，有问题可以向他们请教。

市图书馆工程咨询组的全体成员经过一段时间的磨合后，各项工作已经理顺了关系，步入正轨。

2. 问题

（1）一项工程从有建设意向起到竣工验收止的整个过程应进行哪些方面的计价工作？本项目的计价工作是什么？

（2）举例说明兴业咨询公司可以从事哪些业务？

（3）兴业咨询公司应具备的资质条件有哪些？

（4）政府对兴业咨询公司这类企业在承揽业务范围、出具成果文件、跨地区承揽业务方面是如何管理的？

（5）在注册造价工程师应具备的报考条件方面政府是如何规定的？张超是否具有报考资格？

（6）若张超可以报考的话，他应该考哪些课程？若他通过了考试的话，他将怎么注册？注册时提供哪些材料？

3. 知识点

（1）工程造价的分阶段计价。

（2）工程造价咨询企业资质标准。

（3）政府对工程造价咨询企业的管理。

（4）造价工程师的报考与注册。

4. 分析思路与参考答案

（1）问题一

讨论建设项目从有建设意向起到竣工验收止的整个过程应进行的计价工作，首先应搞清楚项目的建设程序。

无论是工业项目还是民用项目，其从有意向建设起至竣工验收止所经历的程序是：项目立项、可行性研究→项目初步设计→项目技术设计→项目施工图设计→项目施工招投标→项目施工→项目竣工验收。计价工作与项目建设程序的对应关系是：

项目立项、可行性研究——投资估算价；

项目初步设计——概算造价；

项目技术设计——修正概算造价（小项目没有该部分）；

项目施工图设计——预算造价；

项目施工招投标——施工合同价；

项目施工——工程结算价；

项目竣工验收——工程实际造价。

兴业咨询公司承担的市新建图书馆工程的咨询工作属于项目的可行性研究阶段，因此对应的是投资估算价。

（2）问题二

因为兴业咨询公司是一家工程咨询公司，按照国家规定，该公司可以从事：

1）工程项目建设的可行性研究与经济评价工作；

2）工程项目的投资估算、设计概算、工程预算、工程结算、竣工决算等工作；

3）工程招标标底、投标报价的编制和审核工作；

4）对工程施工各阶段的监理工作；

5）对工程造价进行监控以及提供有关工程造价信息资料等工作。

（3）问题三

兴业咨询公司是甲级资质企业，政府对甲级工程造价咨询企业规定的资质标准是：

1）企业出资人中，注册造价工程师人数不低于出资人总人数的60%，且其出资额不低于企业注册资本总额的60%；

2）技术负责人已取得造价工程师注册证书，并具有工程或工程经济类高级专业技术职称，且从事工程造价专业工作15年以上；

3）专职专业人员不少于20人，其中，具有工程或者工程经济类中级以上专业技术职称的人员不少于16人；取得造价工程师注册证书的人员不少于10人，其他人员具有从事工程造价专业工作的经历；

4）企业与专职专业人员签订劳动合同，且专职专业人员符合国家规定的职业年龄（出资人除外）；

5) 专职专业人员人事档案关系由国家认可的人事代理机构代为管理；

6) 企业注册资本不少于人民币 100 万元；

7) 企业近 3 年工程造价咨询营业收入累计不低于人民币 500 万元；

8) 具有固定的办公场所，人均办公建筑面积不少于 10m²；

9) 技术档案管理制度、质量控制制度、财务管理制度齐全；

10) 企业为本单位专职专业人员办理的社会基本养老保险手续齐全；

11) 在申请核定资质等级之日前 3 年内无违规行为。

（4）问题四

政府对兴业咨询公司这类企业承揽业务范围的管理是：

1) 可以从事各类建设项目的工程造价咨询业务；

2) 可以进行项目建议书及可行性研究阶段的投资估算、项目经济评价报告的编制和审核；

3) 可以进行项目概预算的编制与审核，并配合设计方案比选、优化设计、限额设计等工作进行工程造价分析与控制；

4) 可以进行项目合同价款的确定（包括招标工程工程量清单和标底、投标报价的编制和审核）；合同价款的签订与调整（包括工程变更、工程洽商和索赔费用的计算）及工程款支付，工程结算及竣工结（决）算报告的编制与审核等；

5) 可以进行工程造价经济纠纷鉴定和仲裁的咨询；

6) 可以提供工程造价信息服务等。

政府在出具成果文件方面的管理是：

成果文件应由企业加盖有企业名称、资质等级及证书编号的执业印章，并由执行咨询业务的注册造价工程师签字、加盖执业印章。

政府在跨地区承揽业务方面的管理是：

企业跨省、自治区、直辖市承接工程造价咨询业务的，应当自承接业务之日起 30 日内到建设工程所在地省、自治区、直辖市人民政府建设主管部门备案。

（5）问题五

政府对报考注册造价工程师人员的规定如下：

1) 工程造价专业大专毕业后，从事工程造价业务工作满 5 年；工程或工程经济类大专毕业后，从事工程造价业务工作满 6 年。

2) 工程造价专业本科毕业后，从事工程造价业务工作满 4 年；工程或工程经济类本科毕业后，从事工程造价业务工作满 5 年。

3) 获上述专业第二学士学位或研究生毕业和获硕士学位后，从事工程造价业务工作满 3 年。

4) 获上述专业博士学位后，从事工程造价业务工作满 2 年。

张超是刚毕业的硕士研究生，从事工程造价业务工作不到一年，按规定他在第二年不具备报考条件，不能报考。

（6）问题六

1) 若张超可以报考注册造价工程师的话，他必须通过下面四门课程的考试：

A. 工程造价管理基础理论与相关法规；

B. 工程造价计价与控制；

C. 建设工程技术与计量（分土建和安装）；

D. 工程造价案例分析。

2）若张超通过了注册造价工程师考试的话，他可按以下程序注册：

A. 张超本人向兴业咨询公司提出申请；

B. 兴业咨询公司审核同意、签署意见后，连同张超提交的申报材料一并报该公司所在省的注册机构；

C. 省注册机构对张超申请注册的有关材料进行初审，签署初审意见后，报住房和城乡建设部的主管部门；

D. 住房和城乡建设部主管部门对初审意见进行审核，若张超符合注册条件，则准予注册，并颁发"造价工程师注册证"和造价工程师执业专用章。

3）张超在初始注册时应提交的申报材料有：

A. 张超的《造价工程师初始注册申请表》；

B. 张超的造价工程师资格证书复印件；

C. 张超与聘用单位签订的聘用劳动合同复印件；

D. 兴业咨询公司资质证书复印件；

E. 张超的社会养老保险证明。

练 习 题

一、单项选择题

1. 下列活动属于广义工程的是（　　　）。

A. 建造拦河大坝　　　　　　　　　　B. 组织登山活动

C. 生产制造食品　　　　　　　　　　D. 南水北调工程

2. 从投资者的角度看问题，工程造价是指 （　　　）。

A. 建设项目从筹建到竣工的总投资　　B. 建设项目在建设期间的投资

C. 建设单位支付给施工单位的工程款　D. 建设单位购买建筑材料的投资

3. 工程之间千差万别，在用途、结构、造型、坐落位置等方面都有很大的不同，这体现了工程造价（　　　）的特点。

A. 动态性　　　　B. 个别性和差异性　　C. 层次性　　　　D. 兼容性

4. 在项目建设全过程的各个阶段中，即可行性研究、初步设计、技术设计、施工图设计、招投标、施工及竣工验收等阶段，都进行相应的计价，分别对应形成投资估算、设计概算、修正概算、施工图预算、合同价、结算价及决算价等。这体现了工程造价（　　　）的计价特征。

A. 复杂性　　　　　B. 多次性　　　　C. 组合性　　　　D. 方法多样性

5. 工程的实际造价是在（　　　）阶段确定的。

A. 招投标　　　　B. 合同签订　　　C. 竣工验收　　　D. 施工图设计

6. 预算造价是在（　　　）阶段编制的。

A. 初步设计　　　B. 技术设计　　　C. 施工图设计　　D. 招投标

7. 概算造价是指在初步设计阶段，根据设计意图，通过编制工程概算文件确定的工程造价，概算造价主要受（　　）的控制。

    A. 投资估算   B. 合同价   C. 修正概算造价   D. 实际造价

8. 工程造价咨询是指咨询企业面向社会接受委托，承担工程项目建设的可行性研究与经济评价活动。下面哪项工作不属于工程造价咨询的范畴（　　）。

    A. 编制设计概算   B. 修订工程定额   C. 进行工程结算   D. 收集造价信息

9. 关于乙级工程造价咨询企业的资质标准，下面正确的是（　　）。

    A. 专职专业人员不少于 20 人，取得造价工程师注册证书的人员不少于 10 人

    B. 技术负责人具有工程或工程经济类高级专业技术职称

    C. 企业注册资本不少于人民币 100 万元

    D. 具有固定的办公场所，人均办公建筑面积不少于 $20m^2$

10. 甲级工程造价咨询企业的资质，应当由（　　）审批。

    A. 申请单位注册所在地市级政府   B. 申请单位注册所在地省级政府

    C. 申请单位所在行业的部级部门   D. 国务院建设主管部门

11. 关于我国工程造价咨询企业管理的以下说法中，正确的是（　　）。

    A. 工程造价咨询企业可以任意承接工程造价咨询业务

    B. 工程造价咨询企业的资质等级具有永久性

    C. 新开办的工程造价咨询企业可直接申请甲级工程造价咨询单位资质等级

    D. 工程造价咨询企业是提供工程造价服务、出具工程造价成果文件的中介组织

12. 凡中华人民共和国公民，工程造价专业大专毕业，从事工程造价业务工作满（　　）年，可申请参加造价工程师执业资格考试。

    A. 3 年   B. 4 年   C. 5 年   D. 6 年

13. 造价工程师的执业资格，是履行工程造价管理岗位职责与业务的（　　）。

    A. 专业资格   B. 基本资格   C. 职务资格   D. 准入资格

14. 下面选项中不属于造价工程师权利的是（　　）。

    A. 使用造价工程师名称   B. 自行确定收费标准

    C. 在所办的工程造价成果文件上签字   D. 申请设立工程造价咨询单位

15. 根据政府对造价工程师执业范围的规定，造价工程师（　　）。

    A. 只能在一个单位执业   B. 可以同时在两个单位执业

    C. 可以同时在三个单位执业   D. 可以同时在三个以上的单位执业

16. 工程造价咨询企业资质的有效期限为（　　）。

    A. 2 年   B. 3 年   C. 4 年   D. 5 年

17. 工程造价咨询企业从事业务时，应当按照规定出具工程造价成果文件。工程造价成果文件应当（　　）。

    A. 加盖企业的执业印章

    B. 加盖注册造价工程师的执业印章

    C. 加盖企业和注册造价工程师的执业印章

    D. 由执行咨询业务的注册造价工程师签字并加盖其执业印章和企业的执业印章

18. 以欺骗、贿赂等不正当手段取得工程造价咨询企业资质的，由（　　）建设主管部

门或者有关专业部门给予警告，并处以 1 万元以上 3 万元以下的罚款。

    A. 县级以上地方人民政府   B. 市级以上地方人民政府

    C. 省级以上地方人民政府   D. 国务院

19. 张某报考造价工程师，按规定需要参加四门课的考试。张某在 2009 年考试通过了《建设工程技术与计量（土建）》课，2010 年又通过了《工程造价管理基础理论与相关法规》课，若 2011 年张某想继续参加考试的话，他应该参加考试的课程是（   ）。

    A.《工程造价案例分析》

    B.《工程造价计价与控制》

    C.《工程造价案例分析》与《工程造价计价与控制》

    D.《工程造价计价与控制》、《建设工程技术与计量（土建）》与《工程造价案例分析》

20. 修改经注册造价工程师签字、盖章的工程造价文件，（   ）。

    A. 必须由该注册造价工程师进行

    B. 必须由该注册造价工程师委托的人进行

    C. 可以由其他注册造价工程师修改并签字、加盖执业专用章，但修改人需对修改部分承担责任

    D. 可以由其他注册造价工程师修改并签字、加盖执业专用章，但修改人需对修改后的工程造价文件承担责任

二、多项选择题

1. 关于工程建设各个阶段的计价，下列说法正确的有（   ）。

    A. 投资估算最为粗略

    B. 施工图预算比修正概算更为详尽和准确

    C. 合同价是由发包方和承包商协商一致后的价格，合同签订后不得改变

    D. 工程结算价是该结算工程的实际价格

    E. 工程建设各阶段依次形成的造价关系是前者制约后者，后者补充前者

2. 工程价格是指建成一项工程预计或实际在土地市场、设备和技术劳务市场、承包市场等交易活动中形成的（   ）。

    A. 综合价格   B. 商品和劳务价格

    C. 建筑安装工程价格   D. 流通领域商品价格

    E. 建设工程总价格

3. 工程造价咨询企业从事咨询活动时，应当遵循（   ）原则，不得损害社会公共利益和他人的合法权益。

    A. 独立   B. 客观   C. 公正

    D. 利益最大化   E. 诚实信用

4. 工程造价咨询企业申请资质时应当提交的材料有（   ）。

    A. 企业营业执照

    B. 工程造价咨询企业资质等级申请书

    C. 专职专业人员职称证书和毕业证书

    D. 兼职专业人员身份证

    E. 固定办公场所的租赁合同或产权证明

5. 工程造价具有多次性计价特征，其中各阶段与造价对应关系正确的是（　　）。

A. 招投标阶段——合同价 　　B. 施工阶段——合同价

C. 竣工验收阶段——实际造价 　　D. 竣工验收阶段——结算价

E. 可行性研究阶段——概算造价

6. 造价工程师执业资格考试实行全国统一大纲、统一命题、统一组织的办法，每年举行一次。造价工程师执业资格考试的科目有（　　）。

A. 工程造价计价与控制 　　B. 工程造价案例分析

C. 建设工程技术与计量 　　D. 工程造价管理基础理论与相关法规

E. 工程概预算

7. 关于造价工程师初始注册，下面说法正确的是（　　）。

A. 申请人应受聘于一个工程造价咨询企业

B. 申请人应自资格证书签发之日起 3 年内提出申请

C. 申请人应不具有完全民事行为能力

D. 申请人应通过聘用单位提出注册申请

E. 申请人年龄应在 60 岁以下

8. 申请造价工程师续期注册应当提交的材料有（　　）。

A. 申请人的造价工程师注册证书 　　B. 申请人的资格证书

C. 申请人与聘用单位签订的聘用劳动合同复印件 　　D. 申请人的学历证书

E. 申请人的继续教育证明

9. 在下列各项中，属于造价工程师权利范围的有（　　）。

A. 允许他人以本人名义执业 　　B. 在工程造价成果文件上签字

C. 使用造价工程师名称 　　D. 依法申请开办工程造价咨询单位

E. 申请豁免继续教育的权利

10. 造价工程师应履行的义务包括（　　）。

A. 遵守法律法规，恪守职业道德

B. 接受继续教育，提高业务技术水平

C. 负责向工程施工人员传授有关工程造价管理方面的业务知识

D. 不得出借注册证书或专用章

E. 提供工程造价资料

2 工 程 造 价 构 成

教学目标：引导学生掌握建设项目设备及工器具购置费的构成与计算、建筑安装工程费的构成、工程建设其他费和工程建设相关费的构成与计算，使学生能够准确理解和计算建设项目的总造价。

知 识 点：建设项目总投资构成图，设备购置费的构成与计算，工器具及生产家具购置费的构成与计算，建筑安装工程费构成图，直接工程费、措施费、规费、企业管理费的具体构成，营业税、城市维护建设税、教育费附加的概念与计算，基本预备费、涨价预备费、建设期贷款利息、固定资产投资方向调节税的概念与计算。

学习提示：通过示意图，掌握我国现行建设项目总投资的构成、建筑安装工程费的构成；通过计算示例，掌握设备购置费、工器具及生产家具购置费、基本预备费、涨价预备费、建设期贷款利息、固定资产投资方向调节税的构成与计算；通过综合案例分析，贯通本章的知识点，掌握建设项目总投资的计算。

从我国现行建设项目总投资构成（图 2-1）中可见，建设项目总投资包括固定资产投资和流动资产投资两大部分，其中的固定资产投资等于工程造价，流动资产投资一般在工业生产性项目中发生。

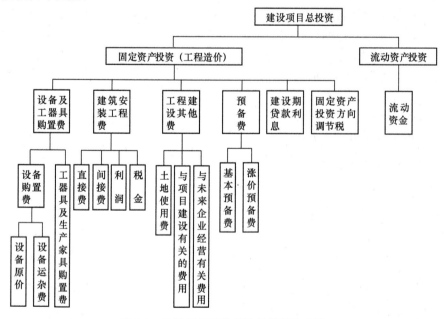

图 2-1 我国现行建设项目总投资构成图

固定资产投资中的设备及工器具购置费、建筑安装工程费、工程建设其他费和基本预备费被称为固定资产静态投资；涨价预备费、建设期贷款利息、固定资产投资方向调节税被称为固定资产动态投资。

2.1　设备及工器具购置费

设备及工器具购置费＝设备购置费＋工具、器具及生产家具购置费　　　（2-1）

设备及工、器具购置费在生产性项目中占工程造价比重的增大，意味着生产技术的进步和资本有机构成的提高。

2.1.1　设备购置费的构成与计算

设备购置费是指为建设项目购置或自制的达到固定资产标准的各种国产或进口设备、工具、器具的购置费用。

设备购置费＝设备原价＋设备运杂费　　　（2-2）

1. 国产设备原价的构成及计算

国产设备原价一般是指设备制造厂的交货价，或订货合同价。它可根据生产厂或供应商的询价、报价、合同价确定，或采用一定的方法计算确定。国产设备原价分为：标准设备原价和非标准设备原价两种。

（1）国产标准设备原价

国产标准设备是指按照主管部门颁布的标准图纸和技术要求，由我国设备生产厂批量生产的，符合国家质量检测标准的设备。如汽车、计算机、批量生产的车床等。国产标准设备原价有两种：即带有备件（如汽车销售中带的备用轮胎）的原价和不带有备件的原价。在计算标准设备原价时，一般采用带有备件的原价。

（2）国产非标准设备原价

国产非标准设备是指国家尚无定型标准，各设备生产厂不可能在工艺过程中采用批量生产，只能按一次订货，并根据具体的设计图纸制造的设备（如火力发电厂中的锅炉、发电机组等）。非标准设备原价有多种不同的计算方法，具体有：成本计算估价法、系列设备插入估价法、分部组合估价法、定额估价法。确定国产非标准设备原价常用的是成本计算估价法，其计算时考虑以下各项组成：

1）材料费。

材料费 ＝ 材料净重×（1＋加工损耗系数）×材料综合单价　　　（2-3）

2）加工费，包括生产工人工资和工资附加费、燃料动力费、设备折旧费、车间经费等。

加工费 ＝ 设备总重量（t）×设备每吨加工费　　　（2-4）

3）辅助材料费，如焊条、焊丝、氧气、油漆、电石等费用。

辅助材料费 ＝ 设备总重量×辅助材料费指标　　　（2-5）

4）专用工具费，按（1）～（3）项之和乘以一定百分比计算。

5）废品损失费，按（1）～（4）项之和乘以一定百分比计算。

6）外购配套件费，按设备设计图纸所列的外购配套件的名称、型号、规格、数量、重量，根据相应的价格加运杂费计算。

7）包装费，按以上（1）～（6）项之和乘以一定百分比计算。

8）利润，按（1）～（5）项加第（7）项之和乘以一定利润率计算。

9）税金，主要指增值税。

$$增值税 = 当期销项税额 - 进项税额 \tag{2-6}$$

$$当期销项税额 = 销售额 \times 适用增值税率 \tag{2-7}$$

销售额为（1）～（8）项之和。

10）非标准设备设计费，按国家规定的设计费收费标准计算。

单台非标准设备原价 = {[（材料费 + 加工费 + 辅助材料费）×（1 + 专用工具费率）×（1 + 废品损失率）+ 外购配套件费]×（1 + 包装费率）- 外购配套件费}×（1 + 利润率）+ 税金 + 非标准设备设计费 + 外购配套件费 （2-8）

【例 2-1】 某企业采购一台国产非标准锅炉，制造厂生产该锅炉所用的材料费 30 万元，辅助材料费 6000 元，加工费 3 万元，专用工具费 4000 元，废品损失费率 8%，外购配套件费 6 万元，包装费 3000 元，利润率 7%，税金 4.5 万元，非标准设备设计费 2 万元，求该锅炉的原价。

【解】 锅炉原价 = 30 + 0.6 + 3 + 0.4 +（30 + 0.6 + 3 + 0.4）× 8% + 6 + 0.3 + [30 + 0.6 + 3 + 0.4 +（30 + 0.6 + 3 + 0.4）× 8% + 0.3]× 7% + 4.5 + 2

= 52.1114 万元

2. 进口设备原价的构成及计算

进口设备的原价是指进口设备的抵岸价，即抵达买方边境港口或边境车站，且交完关税等税费后形成的价格。进口设备抵岸价的构成与进口设备的交货类别有关。

（1）进口设备的交货类别

进口设备的交货类别可分为内陆交货类、目的地交货类和装运港交货类。

1）内陆交货类：即卖方在出口国内陆的某个地点交货。在交货地点，卖方及时提交合同规定的货物和有关凭证，并负担交货前的一切费用和风险，买方按时接受货物，交付货款，负担接货后的一切费用和风险，并自行办理出口手续和装运出口。货物的所有权也在交货后由卖方转移给买方。

2）目的地交货类：即卖方在进口国的港口或内地交货，有目的港船上交货价、目的港船边交货价和目的港码头交货价（关税已付）及完税后交货价（进口国的指定地点）等几种交货价。它们的特点是，买卖双方承担的责任、费用和风险是以目的地约定交货点为分界线，只有当卖方在交货点将货物置于买方控制下才算交货，才能向买方收取货款。这种交货类别对卖方来说承担的风险较大，在国际贸易中卖方一般不愿采用。

3）装运港交货类：即卖方在出口国装运港交货，主要有装运港船上交货价（FOB），习惯称离岸价格，它的特点是：卖方按照约定的时间在装运港交货，只要卖方把合同规定的货物装船后提供货运单据便完成交货任务，可凭单据收回货款。

装运港船上交货价（FOB）是我国进口设备采用最多的一种货价。采用船上交货价时卖方的责任是：在规定的期限内，负责在合同规定的装运港口将货物装上买方指定的船只，并及时通知买方；负担货物装船前的一切费用和风险，负责办理出口手续，提供出口国政府或有关方面签发的证件；负责提供有关装运单据。买方的责任是：负责租船或订舱，支付运费，并将船期、船名通知卖方，负担货物装船后的一切费用和风险；负责办理保险及支付保险费，办理在目的港的进口和收货手续，接受卖方提供的有关装运单据，并按合同规定支付货款。

（2）进口设备原价的构成及计算。

进口设备原价＝FOB价＋国际运费＋运输保险费＋银行财务费＋外贸手续费＋关税
　　　　　　　＋增值税＋消费税＋海关监管手续费＋车辆购置附加费　　　　（2-9）

1）FOB价：指装运港船上交货价。设备FOB价分为原币货价和人民币货价，原币货价一律折算为美元表示，人民币货价按原币货价乘以外汇市场美元兑换人民币中间价确定。FOB价按有关生产厂商询价、报价、订货合同价计算。

2）国际运费：即从出口国装运港（站）到达进口国港（站）的运费。我国进口设备大部分采用海洋运输，小部分采用铁路运输，个别采用航空运输。

$$国际运费(海、陆、空)＝FOB价×运费率 \qquad (2-10)$$

$$国际运费(海、陆、空)＝运量×单位运价 \qquad (2-11)$$

其中，运费率或单位运价参照有关部门或进出口公司的规定执行。

3）运输保险费：对外贸易货物运输保险是由保险公司与被保险的出口人或进口人订立保险契约，在被保险人交付议定的保险费后，保险公司根据保险契约的规定对货物在运输过程中发生的承保责任范围内的损失给予经济上的补偿，是一种财产保险。

$$运输保险费＝\frac{FOB价＋国际运费}{1－保险费率}×保险费率 \qquad (2-12)$$

其中，保险费率按保险公司规定的进口货物保险费率计算。

4）银行财务费：一般是指中国银行手续费。

$$银行财务费＝FOB价×银行财务费率 \qquad (2-13)$$

5）外贸手续费：指按商务部规定的外贸手续费率计取的费用，外贸手续费率一般取1.5%。

$$外贸手续费＝(FOB价＋国际运费＋运输保险费)×外贸手续费率 \qquad (2-14)$$

6）关税：由海关对进出国境或关境的货物和物品征收的税。

$$关税＝(FOB价＋国际运费＋运输保险费)×进口关税税率 \qquad (2-15)$$

进口关税税率分为优惠和普通两种。优惠税率适用于与我国签订有关税互惠条约或协定的国家的进口设备；普通税率适用于与我国未订有关税互惠条约或协定的国家的进口设备。进口关税税率按我国海关总署发布的进口关税税率计算。

进口设备时，习惯上称FOB价为离岸价格，称CIF价为到岸价格或关税完税价格。

$$CIF价＝FOB价＋国际运费＋运输保险费 \qquad (2-16)$$

7）增值税：是对从事进口贸易的单位和个人，在进口商品报关进口后征收的税种。我国增值税条例规定，进口应税产品均按组成计税价格和增值税税率直接计算应纳税额。

$$进口产品增值税额＝组成计税价格×增值税税率 \qquad (2-17)$$

$$组成计税价格＝FOB价＋国际运费＋运输保险费＋关税＋消费税 \qquad (2-18)$$

增值税税率根据规定的税率计算。

8）消费税：仅对部分进口设备（如轿车、摩托车等）征收。

$$应纳消费税额＝\frac{到岸价＋关税}{1－消费税税率}×消费税税率 \qquad (2-19)$$

其中，消费税税率根据规定的税率计算。

9）海关监管手续费：指海关对进口减税、免税、保税货物实施监督、管理、提供服务的手续费。对于全额征收进口关税的货物不计本项费用。

$$海关监管手续费 = （FOB价 + 国际运费 + 运输保险费）× 海关监管手续费率$$

$$(2-20)$$

10）车辆购置附加费：进口车辆需缴进口车辆购置附加费。

$$进口车辆购置附加费 = （FOB价 + 国际运费 + 运输保险费 + 关税 + 消费税 + 增值税）$$
$$× 进口车辆购置附加费率$$

$$(2-21)$$

【例 2-2】 进口设备重 1500t，其装运港船上交货价为 800 万美元，海运费为 500 美元/t，海运保险费和银行手续费费率分别 3‰和 4‰，外贸手续费率为 1.5%，增值税率为 17%，关税税率为 20%，美元对人民币汇率为 1∶6.8。计算进口设备的原价。

【解】 FOB价 = 800 万美元

国际运费 = 500 × 1500 = 750000 美元 = 75 万美元

$$运输保险费 = \frac{800 + 75}{1 - 0.003} × 0.003 = 2.6329 \text{ 万美元}$$

银行财务费 = 800 × 4‰ = 3.2 万美元

外贸手续费 = （800 + 75 + 2.6329）× 1.5% = 13.1645 万美元

关税 = （800 + 75 + 2.6329）× 20% = 175.5266 万美元

增值税 = （800 + 75 + 2.6329 + 175.5266）× 17% = 179.0371 万美元

进口设备原价 = （800 + 75 + 2.6329 + 3.2 + 13.1645 + 175.5266 + 179.0371）× 6.8
$$= 8490.2155 \text{ 万元人民币}$$

3. 设备运杂费的构成及计算

（1）设备运杂费的构成

1）运费和装卸费：国产设备的运费和装卸费是指由设备制造厂交货地点（或购买地点，如商店）起至工地仓库（或施工组织设计指定的需要安装设备的堆放地点）止所发生的运费和装卸费。

进口设备的运费和装卸费则是指由我国到岸港口或边境车站起至工地仓库（或施工组织设计指定的需安装设备的堆放地点）止所发生的运费和装卸费。

2）包装费：指在设备原价中没有包含的、为运输而进行包装支出的各种费用。

3）设备供销部门手续费：按有关部门规定的统一费率计算。

4）采购与仓库保管费：指采购、验收、保管和收发设备所发生的各种费用，包括设备采购人员、保管人员和管理人员的工资、工资附加费、办公费、差旅交通费、设备供应部门办公和仓库所占固定资产使用费、工具用具使用费、劳动保护费、检验试验费等。可按规定的采购与保管费率计算。

（2）设备运杂费的计算

$$设备运杂费 = 设备原价 × 设备运杂费率$$

$$(2-22)$$

设备运杂费率可按规定计取。

2.1.2 工器具及生产家具购置费的构成与计算

工具、器具及生产家具购置费是指新建或扩建项目初步设计规定的，保证初期正常生产必须购置的没有达到固定资产标准的设备、仪器、工卡模具、器具、生产家具和备品备件等的购置费用。

$$工具、器具及生产家具购置费＝设备购置费×定额费率 \qquad (2\text{-}23)$$

【例 2-3】 某新建项目有进口设备与国产设备。进口设备重 2000t，抵岸价为 1000 万美元，设备从到货口岸至安装现场 50km，运输费为 2 元人民币/(t·km)，装卸费为 10 元人民币/t，国内运输保险费率为抵岸价的 1‰，进口设备的现场保管费率为抵岸价的 2‰，美元对人民币汇率为 1∶6.8。该项目的国产设备均为标准设备，其带有备件的订货合同价为 8800 万元人民币，国产标准设备的设备运杂费率为 3‰。该项目的工具、器具及生产家具购置费率为 4%。求：

(1) 计算进口设备与国产设备的运杂费；

(2) 估算该项目的设备及工器具购置费用。

【解】 (1) 进口设备与国产设备的运杂费：

进口设备运费＝2000×50×2＝200000 元＝20 万元人民币

进口设备装卸费＝2000×10＝20000 元＝2 万元人民币

进口设备国内运输保险费＝1000×1‰×6.8＝6.8 万元人民币

进口设备现场保管费＝1000×2‰×6.8＝13.6 万元人民币

进口设备运杂费＝20＋2＋6.8＋13.6＝42.4 万元人民币

国产设备运杂费＝8800×3‰＝26.4 万元人民币

(2) 项目的设备及工器具购置费：

设备购置费＝1000×6.8＋8800＋42.4＋26.4＝15668.8 万元人民币

工具、器具及生产家具购置费＝15668.8×4%＝626.752 万元人民币

项目的设备及工器具购置费＝15668.8＋626.752＝16295.552 万元人民币

2.2 建筑安装工程费

2.2.1 建筑安装工程费的构成 (图 2-2)

1. 建筑工程费主要内容

(1) 各类房屋建筑工程和列入房屋建筑工程预算的供水、供暖、供电、卫生、通风、燃气等设备费用及其装饰、油饰工程的费用，列入建筑工程预算的各种管道、电力、电信和电缆导线敷设工程的费用。

(2) 设备基础、支柱、工作台、烟囱、水塔、水池、灰塔等建筑工程以及各种炉窑的砌筑工程和金属结构工程的费用。

(3) 为施工而进行的场地平整工程和水位地质勘察，原有建筑物和障碍物的拆除以及施工临时用水、电、气、路和完工后的场地清理、环境绿化、美化等工作的费用。

(4) 矿井开凿、井巷延伸、露天矿剥离，石油、天然气钻井以及修建铁路、公路、桥梁、水库、堤坝、灌渠及防洪等工程的费用。

2. 安装工程费主要内容

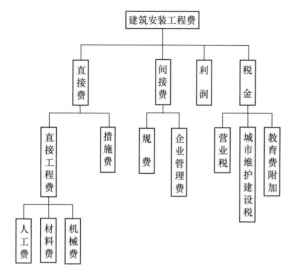

图 2-2　我国现行建筑安装工程费构成图

（1）人工费

人工费是指直接从事建筑安装工程施工的生产工人（如瓦工、木工）开支的各项费用。

$$人工费 = \Sigma(工日消耗量 \times 日工资单价) \tag{2-24}$$

工日消耗量是通过施工图预算求出的分项工程量和定额计算出来的。

日工资单价是指预算定额中给出的人工费单价，该单价包括：

1）基本工资：指发放给生产工人的基本工资；

2）工资性补贴：指按规定标准发放的物价补贴，燃气补贴，交通补贴，住房补贴，流动施工津贴等；

3）生产工人辅助工资：指生产工人年有效施工天数以外非作业天数的工资，包括职工学习、培训期间的工资，调动工作、探亲、休假期间的工资，因气候影响的停工工资，女工哺乳时间的工资，病假在六个月以内的工资及产、婚、丧假期的工资；

4）职工福利费：指按规定标准计提的职工福利费；

5）生产工人劳动保护费：指按规定标准发放的劳动保护用品的购置费及修理费，徒工服装补贴，防暑降温费，在有碍身体健康环境中施工的保健费用等。

（2）材料费

材料费是指施工过程中耗费的构成工程实体的原材料、辅助材料、构配件、零件、半成品的费用。

$$材料费 = \Sigma(材料消耗量 \times 材料基价) + 检验试验费 \tag{2-25}$$

材料消耗量是通过施工图预算求出的分项工程量和定额计算出来的。

材料基价是指预算定额中给出的材料费单价，该单价包括：

1）材料原价（或供应价格）；

2）材料运杂费：指材料自来源地运至工地仓库或指定堆放地点所发生的全部费用；

3）运输损耗费：指材料在运输装卸过程中不可避免的损耗；

（1）生产、动力、起重、运输、传动和医疗、实验等各种需要安装的机械设备的装配费用，与设备相连的工作台、梯子、栏杆等装饰工程以及附设于安装设备的管线敷设工程和被安装设备的绝缘、防腐、保温、油漆等工作的材料费用和安装费用。

（2）为测定安装工程质量，对单个设备进行单机试运转和对系统设备进行系统联动无负荷试运转工作的调试费。

2.2.2　直接费

1. 直接工程费

直接工程费是指施工过程中耗费的构成工程实体的各项费用，包括人工费、材料费、施工机械使用费。

4）采购及保管费：指为组织采购、供应和保管材料过程中所需要的各项费用。具体包括采购费、仓储费、工地保管费、仓储损耗。

检验试验费是对建筑材料、构件和建筑安装物进行一般鉴定、检查所发生的费用，包括自设试验室进行试验所耗用的材料和化学药品等费用。不包括新结构、新材料的试验费和建设单位对具有出厂合格证明的材料进行检验，对构件做破坏性试验及其他特殊要求检验试验的费用。

（3）施工机械使用费

施工机械使用费是指施工机械作业所发生的机械使用费以及一般的机械安拆费和场外运费。

$$施工机械使用费 = \Sigma(施工机械台班消耗量 \times 机械台班单价) \qquad (2\text{-}26)$$

施工机械台班消耗量是通过施工图预算求出的分项工程量和定额计算出来的。

机械台班单价是指预算定额中给出的单价，该单价包括：

1）折旧费：指施工机械在规定的使用年限内，陆续收回其原值及购置资金的时间价值。

2）大修理费：指施工机械按规定的大修理间隔台班进行必要的大修理，以恢复其正常功能所需的费用。

3）经常修理费：指施工机械除大修理以外的各级保养和临时故障排除所需的费用。包括为保障机械正常运转所需替换设备与随机配备工具附具的摊销和维护费用，机械运转中日常保养所需润滑与擦拭的材料费用及机械停滞期间的维护和保养费用等。

4）安拆费及场外运费：安拆费指施工机械在现场进行安装与拆卸所需的人工、材料、机械和试运转费用以及机械辅助设施的折旧、搭设、拆除等费用；场外运费指施工机械整体或分体自停放地点运至施工现场或由一施工地点运至另一施工地点的运输、装卸、辅助材料及架线等费用。

5）人工费：指机上司机（司炉）和其他操作人员的工作日人工费及上述人员在施工机械规定的年工作台班以外的人工费。

6）燃料动力费：指施工机械在运转作业中所消耗的固体燃料（煤、木柴）、液体燃料（汽油、柴油）及水、电等费用。

7）养路费及车船使用税：指施工机械按照国家规定和有关部门规定应缴纳的养路费、车船使用税、保险费及年检费等。

2. 措施费

措施费是指为完成工程项目施工，发生于该工程施工前和施工过程中非工程实体项目的费用，该费用综合考虑了：

（1）环境保护费：指施工现场为达到环保部门要求所需要的各项费用。

$$环境保护费 = 直接工程费 \times 环境保护费费率(\%) \qquad (2\text{-}27)$$

（2）文明施工费：指施工现场文明施工所需要的各项费用。

$$文明施工费 = 直接工程费 \times 文明施工费费率(\%) \qquad (2\text{-}28)$$

（3）安全施工费：指施工现场安全施工所需要的各项费用。

$$安全施工费 = 直接工程费 \times 安全施工费费率(\%) \qquad (2\text{-}29)$$

（4）临时设施费：指施工企业为进行建筑工程施工所必须搭设的生活和生产用的临时

建筑物、构筑物和其他临时设施费用等。

临时设施包括：临时宿舍、文化福利及公用事业房屋与构筑物，仓库、办公室、加工厂以及规定范围内道路、水、电、管线等临时设施和小型临时设施。

临时设施费用包括：临时设施的搭设、维修、拆除费或摊销费。

$$临时设施费 = （周转使用临时建筑费 + 一次性使用临时建筑费）$$
$$\times [1 + 其他临时设施所占比例（\%）] \qquad (2-30)$$

周转使用临时建筑（如活动房屋）、一次使用临时建筑（如简易建筑）、其他临时设施（如临时管线）。

（5）夜间施工费：指因夜间施工所发生的夜班补助费、夜间施工降效、夜间施工照明设备摊销及照明用电等费用。

$$夜间施工费 = \left(1 - \frac{合同工期}{定额工期}\right) \times \frac{直接工程费中的人工费合计}{平均日工资单价} \times 每工日夜间施工费开支$$

$$(2-31)$$

（6）二次搬运费：指因施工场地狭小等特殊情况而发生的二次搬运费用。

$$二次搬运费 = 直接工程费 \times 二次搬运费费率（\%） \qquad (2-32)$$

（7）大型机械设备进出场及安拆费：指施工机械台班单价中没有考虑的大型机械整体或分体自停放场地运至施工现场或由一个施工地点运至另一个施工地点，所发生的机械进出场运输及转移费用，机械在施工现场进行安装、拆卸所需的人工费、材料费、机械费、试运转费和安装所需的辅助设施的费用。

$$大型机械设备进出场及安拆费 = \frac{一次进出场及安拆费 \times 年平均安拆次数}{年工作台班} \qquad (2-33)$$

（8）混凝土、钢筋混凝土模板及支架费：指混凝土施工过程中需要的各种钢模板、木模板、支架等的支、拆、运输费用及模板、支架的摊销（或租赁）费用。

$$模板及支架费 = 模板摊销量 \times 模板价格 + 支、拆、运输费 \qquad (2-34)$$

$$租赁费 = 模板使用量 \times 使用日期 \times 租赁价格 + 支、拆、运输费 \qquad (2-35)$$

（9）脚手架费：指施工需要的各种脚手架搭、拆、运输费用及脚手架的摊销（或租赁）费用。

$$脚手架搭拆费 = 脚手架摊销量 \times 脚手架价格 + 搭、拆、运输费 \qquad (2-36)$$

$$脚手架租赁费 = 脚手架每日租金 \times 搭设周期 + 搭、拆、运输费 \qquad (2-37)$$

（10）已完工程及设备保护费：指竣工验收前，对已完工程及设备进行保护所需费用。

$$已完工程及设备保护费 = 成品保护所需机械费 + 材料费 + 人工费 \qquad (2-38)$$

（11）施工排水、降水费：指为确保工程在正常条件下施工，采取各种排水、降水措施所发生的各种费用。

$$施工排水降水费 = \Sigma 排水降水机械台班费 \times 排水降水周期$$
$$+ 排水降水使用材料费、人工费 \qquad (2-39)$$

2.2.3 间接费

1. 规费

规费是指政府和有关权力部门规定必须缴纳的费用。

（1）规费内容

1）工程排污费：指施工现场按规定缴纳的工程排污费。

2）工程定额测定费：指按规定支付工程造价（定额）管理部门的定额测定费。

3）社会保障费。

A. 养老保险费：指企业按规定标准为职工缴纳的基本养老保险费。

B. 失业保险费：指企业按照国家规定标准为职工缴纳的失业保险费。

C. 医疗保险费：指企业按照规定标准为职工缴纳的基本医疗保险费。

D. 住房公积金：指企业按规定标准为职工缴纳的住房公积金。

E. 危险作业意外伤害保险：指按照建筑法规定，施工企业为从事危险作业的建筑安装施工人员支付的意外伤害保险费。

（2）规费计算

1）以直接费为计算基础

$$规费费率(\%) = \frac{\Sigma 规费缴纳标准 \times 每万元发承包价计算基数}{每万元发承包价中的人工费含量}$$

$$\times 人工费占直接费的比例(\%) \tag{2-40}$$

2）以人工费和机械费合计为计算基础

$$规费费率(\%) = \frac{\Sigma 规费缴纳标准 \times 每万元发承包价计算基数}{每万元发承包价中的人工费含量和机械费含量} \times 100\% \tag{2-41}$$

3）以人工费为计算基础

$$规费费率(\%) = \frac{\Sigma 规费缴纳标准 \times 每万元发承包价计算基数}{每万元发承包价中的人工费含量} \times 100\% \tag{2-42}$$

2. 企业管理费

企业管理费是指施工企业组织施工生产和经营管理所需费用。

（1）企业管理费内容

1）管理人员工资：指管理人员的基本工资、工资性补贴、职工福利费、劳动保护费等。

2）办公费：指施工企业办公用的文具、纸张、账表、印刷、邮电、书报、会议、水电、烧水和集体取暖（包括现场临时宿舍取暖）用煤等费用。

3）差旅交通费：指职工因公出差、调动工作的差旅费、住勤补助费，市内交通费和误餐补助费，职工探亲路费，劳动力招募费，职工离退休、退职一次性路费，工伤人员就医路费，工地转移费以及管理部门使用的交通工具的油料、燃料、养路费及牌照费。

4）固定资产使用费：指管理和试验部门及附属生产单位使用的属于固定资产的房屋、设备仪器等的折旧、大修、维修或租赁费。

5）工具用具使用费：指管理使用的不属于固定资产的生产工具、器具、家具、交通工具和检验、试验、测绘、消防用具等的购置、维修和摊销费。

6）劳动保险费：指由施工企业支付离退休职工的易地安家补助费、职工退职金、六个月以上的病假人员工资、职工死亡丧葬补助费、抚恤费、按规定支付给离休干部的各项经费。

7）工会经费：指施工企业按职工工资总额计提的工会经费。

8) 职工教育经费：指施工企业为职工学习先进技术和提高文化水平，按职工工资总额计提的经费。

9) 财产保险费：指施工管理用财产、车辆保险。

10) 财务费：指施工企业为筹集资金而发生的各种费用。

11) 税金：指施工企业按规定缴纳的房产税、车船使用税、土地使用税、印花税等。

12) 其他：包括技术转让费、技术开发费、业务招待费、绿化费、广告费、公证费、法律顾问费、审计费、咨询费等。

(2) 企业管理费计算

1) 以直接费为计算基础

$$企业管理费费率(\%) = \frac{生产工人年平均管理费}{年有效施工天数 \times 人工单价}$$
$$\times 人工费占直接费的比例(\%) \qquad (2\text{-}43)$$

2) 以人工费和机械费合计为计算基础

$$企业管理费费率(\%) = \frac{生产工人年平均管理费}{年有效施工天数 \times (人工单价 + 台班机械使用费)} \times 100\%$$

$$(2\text{-}44)$$

3) 以人工费为计算基础

$$企业管理费费率(\%) = \frac{生产工人年平均管理费}{年有效施工天数 \times 人工单价} \times 100\% \qquad (2\text{-}25)$$

2.2.4 利润

利润是指施工企业完成所承包工程获得的盈利，企业应根据市场的竞争状况确定利润水平。企业取定的利润水平过高会丧失市场机会，过低又会面临很大的风险。利润率的选择实际上体现了企业的定价政策，确定的是否合理反映了企业的市场成熟程度。

2.2.5 税金

建筑安装工程的税金是指国家税法规定的、由建筑安装企业向国家交纳的应计入建筑安装工程造价内的营业税、城市维护建设税及教育费附加。

1. 营业税

营业税是按营业额乘以营业税税率确定的。建筑安装企业营业税税率为3%。

$$应纳营业税 = 营业额 \times 3\% \qquad (2\text{-}46)$$

营业额是指建筑安装企业从事建筑、安装、修缮、装饰及其他工程作业收取的全部收入，还包括建筑、修缮、装饰工程所用原材料及其他物资和动力的价款。当安装设备的价值作为安装工程产值时，亦包括所安装设备的价款。但建筑安装工程总承包商将工程分包给他人时，其营业额中不包括付给分包方的价款。

2. 城市维护建设税

城市维护建设税是国家为了加强城镇的维护建设，稳定和扩大城市、乡镇维护建设的资金来源，而对有经营收入的单位和个人征收的一种税。

$$城市维护建设税 = 应纳营业税额 \times 适用税率 \qquad (2\text{-}47)$$

城市维护建设税的纳税人所在地为市区的，其适用税率为营业税的7%；所在地为县镇的，其适用税率为营业税的 5%；所在地不在市区、县、镇的，其适用税率为营业税的 1%。

3. 教育费附加

$$教育费附加税额 = 应纳营业税额 \times 3\% \qquad (2\text{-}48)$$

建筑安装企业的教育费附加要与其营业税同时缴纳。即使办有职工子弟学校的建筑安装企业，也应当先缴纳教育费附加，教育部门可根据企业的办学情况，酌情返还给办学单位，作为对办学经费的补助。

4. 税金计算

$$税金 = (税前造价 + 利润) \times 税率(\%) = (直接费 + 间接费 + 利润) \times 税率(\%)$$
$$(2\text{-}49)$$

税率：

(1) 纳税地点在市区的企业

$$税率(\%) = \frac{1}{1 - 3\% - (3\% \times 7\%) - (3\% \times 3\%)} - 1 \qquad (2\text{-}50)$$

(2) 纳税地点在县城、镇的企业

$$税率(\%) = \frac{1}{1 - 3\% - (3\% \times 5\%) - (3\% \times 3\%)} - 1 \qquad (2\text{-}51)$$

(3) 纳税地点不在市区、县城、镇的企业

$$税率(\%) = \frac{1}{1 - 3\% - (3\% \times 1\%) - (3\% \times 3\%)} - 1 \qquad (2\text{-}52)$$

2.3 工程建设其他费

工程建设其他费是指建设单位从工程筹建起到工程竣工验收交付使用为止的整个建设期间，除建筑安装工程费和设备及工器具购置费以外的，为保证工程建设顺利完成和交付使用后能够正常发挥作用而发生的各项费用。

工程建设其他费大体可分为三类：土地使用费、与工程建设有关的其他费用和与未来企业生产经营有关的其他费用。

2.3.1 土地使用费

土地使用费是指建设单位为获得建设用地而支付的费用。其表现形式有两种：一是土地征用及迁移补偿费；二是土地使用权出让金。

1. 土地征用及迁移补偿费

指建设单位依法申请使用国有土地，并依照《中华人民共和国土地管理法》所支付的费用。征收耕地的补偿费用包括土地补偿费、安置补助费以及地上附着物和青苗的补偿费。

(1) 征收耕地的土地补偿费为该耕地被征收前三年平均年产值的 6～10 倍。

(2) 征收耕地的安置补助费按照需要安置的农业人口数计算。需要安置的农业人口数，按照被征收的耕地数量除以征地前被征收单位平均每人占有耕地的数量计算。每一个需要安置的农业人口的安置补助费标准，为该耕地被征收前三年平均年产值的 4～6 倍。但是每公顷被征收耕地的安置补助费，最高不得超过被征收前三年平均年产值的 15 倍。

（3）征收其他土地的土地补偿费和安置补助费标准，由省、自治区、直辖市参照征收耕地的土地补偿费和安置补助费的标准规定。

（4）被征收土地上的附着物和青苗的补偿标准，由省、自治区、直辖市规定。

（5）征收城市郊区的菜地，用地单位应当按照国家有关规定缴纳新菜地开发建设基金。

（6）依照前面规定支付土地补偿费和安置补助费，尚不能使需要安置的农民保持原有生活水平的，经省、自治区、直辖市人民政府批准，可以增加安置补助费。但是土地补偿费和安置补助费的总和不得超过土地被征收前三年平均年产值的 30 倍。

2. 土地使用权出让金

指建设项目通过土地使用权出让方式，取得有限期的土地使用权，依照《中华人民共和国城镇国有土地使用权出让和转让暂行条例》规定，支付的土地使用权出让金。

（1）国家是城市土地的唯一所有者，并分层次、有偿、有限期地出让城市土地。第一层次是城市政府将国有土地使用权出让给用地者，该层次由城市政府垄断经营。出让对象可以是有法人资格的企事业单位，也可以是外商。第二层次及以下层次的转让则发生在使用者之间。

（2）城市土地的出让可采用协议、招标、公开拍卖等方式。

（3）土地使用权出让最高年限按下列用途确定：

1）居住用地 70 年；

2）工业用地 50 年；

3）教育、科技、文化、卫生、体育用地 50 年；

4）商业、旅游、娱乐用地 40 年；

5）综合或者其他用地 40 年。

2.3.2 与项目建设有关的其他费用

1. 建设单位管理费

指建设单位在建设项目从立项、筹建、建设、联合试运转到竣工验收交付使用及后评估全过程管理所需费用。

（1）建设单位开办费。指新建项目为保证筹建和建设工作正常进行所需办公设备、生活家具、用具、交通工具等购置费用。

（2）建设单位经费。包括工作人员的基本工资、工资性补贴、职工福利费、劳动保护费、劳动保险费、办公费、差旅交通费、工会经费、职工教育经费、固定资产使用费、工具用具使用费、技术图书资料费、生产人员招募费、工程招标费、合同契约公证费、工程质量监督检测费、工程咨询费、法律顾问费、审计费、业务招待费、排污费、竣工交付使用清理及竣工验收费、后评估等费用。不包括应计入设备、材料预算价格的建设单位采购及保管设备材料所需的费用。

2. 勘察设计费

（1）编制项目建议书、可行性研究报告及投资估算、工程咨询、评价以及为编制上述文件所进行勘察、设计、研究试验等所需费用；

（2）委托勘察、设计单位进行初步设计、施工图设计及概预算编制等所需费用；

（3）在规定范围内由建设单位自行完成的勘察、设计工作所需费用。

在勘察设计费中，项目建议书、可行性研究报告按国家颁布的收费标准计算；设计费按国家颁布的工程设计收费标准计算；勘察费一般民用建筑 6 层以下的按 3～5 元/m² 计算，高层建筑按 8～10 元/m² 计算，工业建筑按 10～12 元/m² 计算。

3. 研究试验费

指为建设项目提供和验证设计参数、数据、资料等所进行的必要的试验费用以及设计规定在施工中必须进行试验、验证所需费用，包括自行或委托其他部门研究试验所需人工费、材料费、试验设备及仪器使用费等。这项费用按照设计单位根据本工程项目的需要提出的研究试验内容和要求计算。

4. 建设单位临时设施费

指建设期间建设单位所需临时设施的搭设、维修、摊销费用或租赁费用。临时设施包括临时宿舍、文化福利及公用事业房屋与构筑物、仓库、办公室、加工厂以及规定范围内的道路、水、电、管线等临时设施和小型临时设施。

5. 工程监理费

指建设单位委托工程监理单位对工程实施监理工作所需费用。根据国家物价局、建设部《关于发布工程建设监理费用有关规定的通知》（〔1992〕价费字 479 号）文件规定计算。

6. 工程保险费

指建设项目在建设期间根据需要实施工程保险所需的费用。包括以各种建筑工程及其在施工过程中的物料、机器设备为保险标的的建筑工程一切险；以安装工程中的各种机器、机械设备为保险标的的安装工程一切险，以及机器损坏保险等。根据不同的工程类别，分别以其建筑、安装工程费乘以建筑、安装工程保险费率计算。民用建筑（住宅楼、综合性大楼、商场、旅馆，医院、学校）占建筑工程费的 2‰～4‰；其他建筑（工业厂房、仓库、道路、码头、水坝、隧道、桥梁、管道等）占建筑工程费的 3‰～6‰；安装工程（农业、工业、机械、电子、电器、纺织、矿山、石油、化学及钢铁工业、钢结构桥梁）占建筑工程费的 3‰～6‰。

7. 引进技术和进口设备其他费

该项费用包括出国人员费用、国外工程技术人员来华费用、技术引进费、分期或延期付款利息、担保费以及进口设备检验鉴定费。

8. 工程承包费

指具有总承包条件的工程公司，对工程建设项目从开始建设至竣工投产全过程的总承包所需的管理费用。具体内容包括组织勘察设计、设备材料采购、非标准设备设计制造与销售、施工招标、发包、工程预决算、项目管理、施工质量监督、隐蔽工程检查、验收和试车直至竣工投产的各种管理费用。该费用按国家主管部门或省、自治区、直辖市协调规定的工程总承包费取费标准计算。如无规定时，一般工业建设项目为投资估算的 6%～8%，民用建筑（包括住宅建设）和市政项目为 4%～6%。不实行工程总承包的项目不计算本项费用。

2.3.3 与未来企业生产经营有关的其他费用

1. 联合试运转费

指新建企业或新增加生产工艺过程的扩建企业在竣工验收前，按照设计规定的工程质量标准，进行整个车间的负荷或无负荷联合试运转发生的费用支出大于试运转收入的亏损部分。费用内容包括：试运转所需的原料、燃料、油料和动力的费用，机械使用费用，低值易耗品及其他物品的购置费用和施工单位参加联合试运转人员的工资等。试运转收入包括试运转产品销售和其他收入，不包括应由设备安装工程费项下开支的单台设备调试费及试车费用。联合试运转费一般根据不同性质的项目按需要试运转车间的工艺设备购置费的百分比计算。

2. 生产准备费

指新建企业或新增生产能力的企业，为保证竣工交付使用进行必要的生产准备所发生的费用。费用内容包括：

（1）生产人员培训费，包括自行培训、委托其他单位培训的人员的工资、工资性补贴、职工福利费、差旅交通费、学习资料费、学习费、劳动保护费等。

（2）生产单位提前进厂参加施工、设备安装、调试等以及熟悉工艺流程及设备性能等人员工资、工资性补贴、职工福利费、差旅交通费、劳动保护费等。

生产准备费一般根据需要培训和提前进厂人员的人数及培训时间按生产准备费指标进行估算。生产准备费在实际执行中是一笔在时间上、人数上、培训深度上很难划分的、弹性很大的支出，要严格掌握。

3. 办公和生活家具购置费

指为保证新建、改建、扩建项目初期正常生产、使用和管理所需购置的办公和生活家具、用具的费用。改、扩建项目所需的办公和生活用具购置费应低于新建项目。其范围包括办公室、会议室、资料档案室、阅览室、文娱室、食堂、浴室、理发室、单身宿舍和设计规定必须建设的托儿所、卫生所、招待所、中小学校等家具用具购置费。这项费用按照设计定员人数乘以综合指标计算，一般为 600～800 元/人。

2.4 工程建设相关费

2.4.1 预备费

1. 基本预备费

指在初步设计及概算内难以预料的工程费用。基本预备费主要有：

（1）在批准的初步设计范围内，技术设计、施工图设计及施工过程中所增加的工程费用；设计变更、局部地基处理等增加的费用。

（2）一般自然灾害造成的损失和预防自然灾害所采取的措施费用。实行工程保险的项目，费用应适当降低。

（3）竣工验收时为鉴定工程质量，对隐蔽工程进行必要的挖掘和修复费用。

基本预备费＝（设备及工器具购置费＋建筑安装工程费＋工程建设其他费）

$$×基本预备费率 \qquad (2\text{-}53)$$

基本预备费率按国家及部门的有关规定执行。

2. 涨价预备费

指工程项目在建设期间内由于价格等变化引起工程造价变化的预测预留费用。费用内容包括：人工、设备、材料、施工机械的价差费，建筑安装工程费及工程建设其他费用调整，利率、汇率调整等增加的费用。

涨价预备费以估算年份价格水平的投资额为基数，根据国家规定的综合价格指数，采用复利方法计算。计算公式为：

$$PF = \sum_{t=1}^{n} I_t[(1+f)^t - 1]] \qquad (2-54)$$

式中　PF——涨价预备费；

n——建设期年份数；

I_t——建设期中第 t 年的投资计划额（I_t＝设备及工器具购置费＋建筑安装工程费＋工程建设其他费＋基本预备费）；

f——年均投资价格上涨率。

【例2-4】　某建设项目建设期为3年，各年投资计划额如下：第一年5000万元，第二年15000万元，第三年6000万元。建设期间估计年均价格上涨率为5%，求项目建设期间涨价预备费。

【解】　第一年涨价预备费为：

$$PF_1 = I_1[(1+f) - 1] = 5000 \times [(1+5\%) - 1] = 250 \text{万元}$$

第二年涨价预备费为：

$$PF_2 = I_2[(1+f)^2 - 1] = 15000 \times [(1+5\%)^2 - 1] = 1537.5 \text{万元}$$

第三年涨价预备费为：

$$PF_3 = I_3[(1+f)^3 - 1] = 6000 \times [(1+5\%)^3 - 1] = 945.75 \text{万元}$$

所以，建设期的涨价预备费为：

$$PF = 250 + 1537.5 + 945.75 = 2733.25 \text{万元}$$

2.4.2　建设期贷款利息

建设期贷款利息是指项目建设期间向国内银行和其他非银行金融机构贷款、出口信贷、外国政府贷款、国际商业银行贷款，以及在境内外发行的债券等所产生的利息。

当总贷款是分年均衡发放时，建设期利息的计算可按当年借款在年中支用考虑，即当年贷款按半年计息，上年贷款按全年计息。计算公式为：

$$q_j = \left(P_{j-1} + \frac{1}{2}A_j\right) \times i \qquad (2-55)$$

式中　q_j——建设期第 j 年应计利息；

P_{j-1}——建设期第（$j-1$）年末贷款累计金额与利息累计金额之和；

A_j——建设期第 j 年的贷款金额；

i——年利率。

在国外贷款利息的计算中，还应包括国外贷款银行根据贷款协议向贷款方以年利率的方式收取的手续费、管理费、承诺费；以及国内代理机构经国家主管部门批准的以年利率的方式向贷款单位收取的转贷费、担保费、管理费等。

【例2-5】　某新建项目建设期为三年，分年均衡进行贷款，第一年贷款500万元，第二年贷款1000万元，第三年贷款500万元，年利率为6%，按年计息。建设期内利息只计息不支付，计算建设期贷款利息。

【解】　在建设期内，各年利息计算如下：

$$q_1 = \frac{1}{2}A_1 \times i = \frac{1}{2} \times 500 \times 6\% = 15 \text{ 万元}$$

$$q_2 = (P_1 + \frac{1}{2}A_2) \times i = \left(500 + 15 + \frac{1}{2} \times 1000\right) \times 6\% = 60.9 \text{ 万元}$$

$$q_3 = (P_2 + \frac{1}{2}A_3) \times i = \left(500 + 15 + 1000 + 60.9 + \frac{1}{2} \times 500\right) \times 6\% = 109.554 \text{ 万元}$$

建设期贷款利息 $= q_1 + q_2 + q_3 = 15 + 60.9 + 109.554 = 185.454$ 万元

2.4.3 固定资产投资方向调节税

国家为引导投资方向，调整投资结构，加强重点建设，对在我国境内进行固定资产投资的单位和个人（不含中外合资经营企业、中外合作经营企业和外商独资企业）征收固定资产投资方向调节税（简称投资方向调节税）。

1. 税率

投资方向调节税的税率实行差别税率，税率为 0%、5%、10%、15%、30% 共 5 个档次。差别税率按两大类设计，一是基本建设项目投资；二是更新改造项目投资。对前者设计了 4 档税率，即 0%、5%、15%、30%；对后者设计了两档税率，即 0%、10%。

（1）基本建设项目投资适用的税率

1）国家急需发展的项目投资，如农业、林业、水利、能源、交通、通信、原材料、科教、地质、勘探、矿山开采等基础产业和薄弱环节的部门项目投资，适用零税率；

2）对国家鼓励发展但受能源、交通等制约的项目投资，如钢铁、化工、石油、水泥等部分重要原材料项目，以及一些重要机械、电子、轻工业和新型建材的项目，实行 5% 的税率；

3）为配合住房制度改革，对城乡个人修建、购买住宅的投资实行零税率；对单位修建、购买一般性住宅投资，实行 5% 的低税率；对单位用公款修建、购买高标准独门独院、别墅式住宅投资，实行 30% 的高税率；

4）对楼堂馆所以及国家严格限制发展的项目投资，课以重税，税率为 30%；

5）对不属于上述四类的其他项目投资，实行中等税率政策，税率 15%。

（2）更新改造项目投资适用的税率

1）为了鼓励企、事业单位进行设备更新和技术改造，促进技术进步，政府对国家急需发展的项目投资予以扶持，适用零税率，对单纯工艺改造和设备更新的项目投资也适用零税率；

2）对不属于上述提到的其他更新改造项目投资，一律适用 10% 的税率。

2. 调节税计算

投资方向调节税以实际完成的投资额为计税依据。

投资方向调节税＝实际完成的（设备及工器具购置费＋建筑安装工程费
＋工程建设其他费＋预备费）×税率

(2-56)

3. 计税方法

确定单位工程应税投资完成额；根据工程性质及划分的单位工程情况，确定单位工程的适用税率；计算各个单位工程应纳的投资方向调节税税额，并且将各个单位工程应纳的税额汇总，得出整个项目的应纳税额。

4. 缴纳方法

投资方向调节税按建设项目的单位工程年度计划投资额预缴，年度终了后，按年度实际完成投资额结算，多退少补。项目竣工后，按应征收投资方向调节税的项目及单位工程的实际完成投资额进行清算，多退少补。

综合案例分析

1. 背景资料

甲企业拟建一工厂，计划建设期三年，第四年工厂投产，投产当年的生产负荷达到设计生产能力的 60%，第五年达到设计生产能力的 85%，第六年达到设计生产能力。项目运营期 20 年。

该项目所需设备分为进口设备与国产设备两部分。

进口设备重 1000 吨，其装运港船上交货价为 900 万美元，海运费为 300 美元/吨，海运保险费和银行手续费分别为货价的 2‰ 和 5‰，外贸手续费率为 1.5%，增值税率为 17%，关税税率为 25%，美元对人民币汇率为 1∶6。设备从到货口岸至安装现场 500km，运输费为 1 元人民币/（t·km），装卸费为 50 元人民币/t，国内运输保险费率为抵岸价的 1‰，设备的现场保管费率为抵岸价的 2‰。

国产设备均为标准设备，其带有备件的订货合同价为 9500 万元人民币。国产标准设备的设备运杂费率为 3‰。

该项目的工具、器具及生产家具购置费率为 4%。

该项目建筑安装工程费用估计为 8000 万元人民币，工程建设其他费用估计为 5000 万元人民币。建设期间的基本预备费率为 5%，涨价预备费率为 3%，固定资产投资方向调节税率为 5%。流动资金估计为 5000 万元人民币。

项目的资金来源分为自有资金与贷款。项目的贷款计划为：建设期第一年贷款 3000 万元人民币、350 万美元；建设期第二年贷款 4000 万元人民币、400 万美元；建设期第三年贷款 2000 万元人民币。贷款的人民币部分从中国建设银行获得，年利率 10%（每半年计息一次），贷款的外汇部分从中国银行获得，年利率为 8%（按年计息）。

项目的投资计划为：建设期第一年投入静态投资的 40%；建设期第二年投入静态投资的 40%；建设期第三年投入静态投资的 20%。

2. 问题

（1）估算设备及工、器具购置费用。

（2）估算建设期贷款利息。

（3）估算预备费。

（4）估算工厂建设的总投资。

3. 主要知识点

（1）设备购置费的概念与计算。

（2）名义利率与有效（实际）利率的概念与计算。

（3）年度均衡贷款的含义。

(4) 建设期贷款利息的计算。

(5) 基本预备费与涨价预备费的计算。

(6) 建设项目总投资的构成与计算。

4. 分析思路与参考答案

(1) 问题 1

进行设备与工、器具购置费的估算，首先要搞清楚设备与工、器具购置费的概念与计算方法。我们知道：

$$设备购置费＝设备原价＋设备运杂费$$

$$工、器具及生产家具购置费＝设备购置费×定额费率$$

$$设备与工、器具购置费＝设备购置费＋工、器具及生产家具购置费$$

设备按来源可分为国产设备与进口设备。国产设备又分为标准设备与非标准设备。根据背景资料知，本案例仅涉及国产标准设备与进口设备。因此，需要确定国产标准设备与进口设备的原价。

1) 国产标准设备的原价有带备件与不带备件两种，本案例中给的是带备件的订货合同价（即原价），所以：

$$国产标准设备原价＝9500 万元人民币$$

2) 进口设备原价为进口设备的抵岸价，其具体计算公式为：

$$\begin{aligned}进口设备原价＝&FOB 价＋国际运费＋运输保险费＋银行财务费\\&＋外贸手续费＋关税＋增值税＋消费税＋海关监管手续费\\&＋车辆购置附加费\end{aligned}$$

由背景资料知：

① FOB 价＝装运港船上交货价＝900 万美元×6＝5400 万元人民币

② 国际运费＝1000×0.03 万美元×6＝180 万元人民币

③ 依题意，本案例运输保险费＝FOB 价×2‰＝5400×2‰＝10.8 万元人民币

④ 银行财务费＝FOB 价×5‰＝5400×5‰＝27 万元人民币

⑤ 外贸手续费＝（FOB 价＋国际运费＋运输保险费）×1.5%
　　　　　＝（5400＋180＋10.8）×1.5%＝83.862 万元人民币

⑥ 关税＝（FOB 价＋国际运费＋运输保险费）×25%
　　　　＝（5400＋180＋10.8）×25%＝1397.7 万元人民币

⑦ 消费税、海关监管手续费、车辆购置附加费由题意知不考虑。

⑧ 增值税＝（FOB 价＋国际运费＋运输保险费＋关税＋消费税）×17%
　　　　＝（5400＋180＋10.8＋1397.7）×17% ＝ 1188.045 万元人民币

进口设备原价＝FOB＋国际运费＋运输保险费＋银行财务费＋外贸手续费
　　　　　＋关税＋增值税
　　　　　＝5400＋180＋10.8＋27＋83.862＋1397.7＋1188.045
　　　　　＝8287.407 万元人民币

3) 进口设备运杂费＝运输费＋装卸费＋国内运输保险费＋设备现场保管费
　　　　　　　＝1000×500×0.0001＋1000×0.005＋8287.407

$$\times 1‰ + 8287.407 \times 2‰$$
$$= 79.8622 \text{ 万元人民币}$$

4）国产标准设备运杂费＝设备原价×设备运杂费率
$$= 9500 \times 3‰ = 28.5 \text{ 万元人民币}$$

5）设备购置费＝设备原价＋设备运杂费
$$= 8287.407 + 9500 + 79.8622 + 28.5 = 17895.7692 \text{ 万元人民币}$$

6）工具、器具及生产家具购置费＝设备购置费×定额费率
$$= 17895.7692 \times 4\% = 715.8308 \text{ 万元人民币}$$

7）设备与工、器具购置费＝设备购置费＋工、器具及生产家具购置费
$$= 17895.7692 + 715.8308 = 18611.6 \text{ 万元人民币}$$

（2）问题2

建设期贷款利息指的是项目从动工兴建起至建成投产为止这段时间内，用于项目建设而贷款所产生的利息，不包括项目建成投产后的贷款利息。在计算贷款利息时，要把握两点：一是各年的贷款均是按年度均衡发放考虑的；二是要注意年贷款的计息次数，将名义利率转化为有效利率。

1）人民币贷款部分利息。人民币贷款所给的计息方式是每半年计息一次，所以年利率10%实际是名义利率，因此要先将其转化成有效年利率，然后以有效年利率计算各年的贷款利息。

① 求有效年利率：

$$\text{有效年利率} = \left(1 + \frac{\text{名义年利率}}{\text{年计息次数}}\right)^{\text{年计息次数}} - 1$$

$$= \left(1 + \frac{10\%}{2}\right)^2 - 1 = 10.25\%$$

② 建设期各年贷款利息：

建设期各年的贷款均按年度均衡贷出考虑，如第一年在建行贷款总额是3000万元人民币，但并不是在年初一次性贷出的，而是在这一年的每个月都平均贷出3000/12万元人民币。这是因为在年初一次性贷出，将会使建设单位付出过多的利息。因此计算贷款当年的利息时要注意这一点。

第一年贷款利息 $= 3000 \times \frac{1}{2} \times 10.25\% = 153.75$ 万元人民币

第二年贷款利息 $= \left(3000 + 153.75 + 4000 \times \frac{1}{2}\right) \times 10.25\%$

$= 528.2594$ 万元人民币

第三年贷款利息 $= \left(3000 + 153.75 + 4000 + 528.2594 + 2000 \times \frac{1}{2}\right) \times 10.25\%$

$= 889.906$ 万元人民币

建设期款利息 $= 153.75 + 528.2594 + 889.906 = 1571.9154$ 万元人民币

2）外汇贷款部分利息。本案例中的外汇贷款计息次数是每年计息一次，因此所给的

年利率 8% 是实际年利率。利息计算时也按年度均衡贷款考虑。

第一年贷款利息 $= 350$（万美元）$\times 6 \times \dfrac{1}{2} \times 8\% = 84$ 万元人民币

第二年贷款利息 $= \left(350 \times 6 + 84 + 400 \times 6 \times \dfrac{1}{2} \right) \times 8\%$

$\qquad = 270.72$ 万元人民币

第三年贷款利息 $= (350 \times 6 + 84 + 400 \times 6 + 270.72) \times 8\%$

$\qquad = 388.3776$ 万元人民币

建设期款利息 $= 84 + 270.72 + 388.3776 = 743.0976$ 万元人民币

计算时注意：①货币单位的转化；②第三年尽管没有贷款，但第一、二年的贷款本金与利息并没有还银行，因此产生利息。

3）建设期贷款总利息。

建设期贷款总利息 ＝人民币贷款利息＋外汇贷款利息

$\qquad = 1571.9154 + 743.0976 = 2315.013$ 万元人民币

（3）问题 3

预备费包括基本预备费和涨价预备费两方面。

1）基本预备费指在初步设计及概算内难以预料的工程费用。如设计变更、局部地基处理增加的费用，预防自然灾害所采取的措施费用，为鉴定工程质量对隐蔽工程进行必要的挖掘和修复费用等。

基本预备费 ＝（设备及工器具购置费＋建安工程费＋工程建设其他费）×基本预备费率

$\qquad = (18611.6 + 8000 + 5000) \times 5\% = 1580.58$ 万元人民币

2）涨价预备费是指工程项目在建设期间内由于价格等变化引起工程造价变化的预测预留费用。涨价预备费的计算基数是"设备及工器具购置费＋建筑安装工程费＋工程建设其他费＋基本预备费"，即静态投资。涨价预备费按公式（2-54）计算。

本案例中：设备及工器具购置费＋建筑安装工程费＋工程建设其他费＋基本预备费

$\qquad = 18611.6 + 8000 + 5000 + 1580.58 = 33192.18$（万元人民币）

第一年涨价预备费为：$33192.18 \times 40\% \times [(1 + 3\%) - 1] = 398.3062$ 万元人民币

第二年涨价预备费为：$33192.18 \times 40\% \times [(1 + 3\%)^2 - 1] = 808.5615$ 万元人民币

第三年涨价预备费为：$33192.18 \times 20\% \times [(1 + 3\%)^3 - 1] = 615.5623$ 万元人民币

涨价预备费 $= 398.3062 + 808.5615 + 615.5623 = 1822.43$ 万元

3）预备费 ＝基本预备费＋涨价预备费

$\qquad = 1580.58 + 1822.43 = 3403.01$ 万元

（4）问题 4

建设项目总投资 ＝固定资产投资＋流动资产投资

固定资产投资 ＝设备及工、器具购置费＋建筑安装工程费＋工程建设其他费

$\qquad$ ＋预备费＋建设期贷款利息＋固定资产投资方向调节税

流动资产投资 ＝流动资金

1）固定资产投资：

① 设备及工、器具购置费 $= 18611.6$ 万元人民币

② 建筑安装工程费＝8000 万元人民币

③ 工程建设其他费＝5000 万元人民币

④ 预备费＝3403.01 万元人民币

⑤ 建设期贷款利息＝2315.013 万元人民币

固定资产投资方向调节税＝（设备及工器具购置费＋建筑安装工程费

＋工程建设其他费＋预备费）

×固定资产投资方向调节税率

＝（18611.6＋8000＋5000＋3403.01）×5％

＝1750.7305 万元人民币

固定资产投资＝18611.6＋8000＋5000＋3403.01＋2315.013＋1750.7305

＝39080.3535 万元人民币

2）流动资产投资：5000 万元人民币

3）建设项目总投资：

建设项目总投资＝39080.3535＋5000＝44080.3535 万元人民币

练 习 题

一、单项选择题

1. 某建设项目的设备及工器具购置费为 2000 万元，建筑安装工程费为 1000 万元，工程建设其他费为 800 万元，预备费为 500 万元，建设期贷款为 1200 万元，应计利息为 100 万元，流动资金估计为 300 万元，则建设项目的工程造价为（ ）万元。

A. 5900　　　　　　 B. 5800　　　　　　 C. 4400　　　　　　 D. 3800

2. 关于设备原价，下面说法不正确的是（ ）。

A. 国产设备原价可以指设备制造厂的交货价

B. 国产设备原价可以指设备的订货合同价

C. 国产标准设备原价一般采用带有备件的原价

D. 国产标准设备原价一般采用不带有备件的原价

3. 国产标准设备是指（ ）。

A. 按照主管部门颁布的标准图纸和技术要求，由我国设备生产厂批量生产的，符合国家质量检测标准的设备

B. 按照企业自定的图纸和技术要求，由设备生产厂批量生产的，符合质量检测标准的设备

C. 按照业主提供的图纸和技术要求，由我国设备生产厂生产的，符合国家质量检测标准的设备

D. 按照主管部门颁布的标准图纸和业主提出的技术要求，由我国设备生产厂生产的，符合国家质量检测标准的设备

4. 进口设备的原价指的是（ ）的价格。

A. 进口设备抵达买方边境港口

B. 进口设备抵达买方边境车站

C. 进口设备抵达买方边境机场

D. 进口设备抵达买方边境港口且交完税费

5. ( )是进口设备的离岸价格。

A. CIF   B. C&F   C. FOB   D. FAS

6. 进口设备运杂费中运输费的运输区间是指( )。

A. 出口国供货地至进口国边境港口或车站

B. 出口国的边境港口或车站至进口国的边境港口或车站

C. 进口国的边境港口或车站至工地仓库

D. 出口国的边境港口或车站至工地仓库

7. 某项目进口一批工艺设备，其银行财务费为 4.25 万元，外贸手续费为 18.9 万元，关税税率为 20%，增值税税率为 17%，抵岸价为 1792.19 万元。该批设备无消费税、海关监管手续费，则该批进口设备的到岸价为( )万元。

A. 1045   B. 1260   C. 1291.27   D. 747.19

8. 某项目购买一台国产设备，其购置费为 1325 万元，运杂费率为 10.6%，则该设备的原价为( )万元。

A. 1198   B. 1160   C. 1506   D. 1484

9. 按照成本计算估价法，下列( )不属于国产非标准设备原价的组成范围。

A. 外购配套件费   B. 增值税   C. 包装费   D. 组装费

10. 设备购置费组成为( )。

A. 设备原价+运杂费   B. 设备原价+运费+装卸费

C. 设备原价+运费+采购与保管费   D. 设备原价+采购与保管费

11. 某项目进口一批生产设备，FOB 价为 650 万元，CIF 价为 830 万元，银行财务费率为 0.5%，外贸手续费率为 1.5%，关税税率为 20%，增值税税率为 17%。该批设备无消费税和海关监管手续费，则该批进口设备的抵岸价为( )万元。

A. 1178.10   B. 1181.02   C. 998.32   D. 1001.02

12. 某建设项目的直接工程费为 150 万元，施工排水、降水费为 5.5 万元，工具用具使用费为 3 万元，基本预备费为 20 万元，临时设施费为 2 万元，设备购置费为 100 万元，上述费用中属于直接费的合计为( )万元。

A. 160.5   B. 157.5   C. 177.5   D. 180.5

13. 根据设计要求，对某一框架结构进行破坏性试验，以提供和验证设计数据，该过程支出的费用属于( )。

A. 检验试验费   B. 研究试验费

C. 勘察设计费   D. 建设单位管理费

14. 土地使用权出让金是指建设项目通过( )支付的费用。

A. 土地使用权出让方式，取得有限期的土地使用权

B. 划拨方式，取得有限期的土地使用权

C. 土地使用权出让方式，取得无限期的土地使用权

D. 划拨方式，取得无限期的土地使用权

15. 某项目建设期静态投资为 1500 万元，建设期 2 年，第 2 年计划投资 40%，年价

格上涨率为 3%，则第 2 年的涨价预备费是( )万元。

    A. 54   B. 18   C. 91.35   D. 36.54

16. 下列不属于材料预算价格的费用是( )。

    A. 材料原价   B. 材料二次搬运费

    C. 材料采购保管费   D. 材料包装费

17. 建筑安装工程费中的税金是指( )。

    A. 营业税、城市维护建设税和教育费附加

    B. 营业税、城市维护建设税和固定资产投资方向调节税

    C. 营业税、固定资产投资方向调节税和教育费附加

    D. 营业税、增值税和教育费附加

18. 在批准的初步设计范围内，施工过程中难以预料的工程变更而增加的费用，在总概算中属于( )。

    A. 基本预备费   B. 建筑安装工程费

    C. 工程造价调整预备费   D. 其他直接费

19. 某个新建项目，建设期为 4 年，分年均衡进行贷款，第一年贷款 400 万元，第二年贷款 500 万元，第三年贷款 400 万元，贷款年利率为 10%，按年计息。建设期内利息只计息不支付，则建设期贷款利息为( )万元。

    A. 118.7   B. 356.27   C. 521.897   D. 435.14

20. 某进口设备 FOB 价为人民币 1200 万元，国际运费 72 万元，国际运输保险费用 4.47 万元，关税 217 万元，银行财务费 6 万元，外贸手续费 19.15 万元，增值税 253.89 万元，消费税率 5%，则该设备的消费税为( )万元。

    A. 78.60   B. 74.67   C. 79.93   D. 93.29

二、多项选择题

1. 根据我国现行的建设项目投资构成，建设项目投资由( )两部分组成。

    A. 固定资产投资   B. 流动资产投资

    C. 无形资产投资   D. 递延资产投资

    E. 其他资产投资

2. 外贸手续费的计费基础是( )之和。

    A. 装运港船上交货价   B. 国际运费

    C. 银行财务价   D. 关税

    E. 运输保险费

3. 下列各项中的( )没有包含关税。

    A. 到岸价   B. 抵岸价

    C. FOB 价   D. CIF 价

    E. 关税完税价

4. 下列费用中，不属于建筑安装工程直接工程费的有( )。

    A. 施工机械大修费   B. 材料二次搬运费

    C. 生产工人退休工资   D. 生产职工教育经费

    E. 生产工具、用具使用费

5. 下列费用中，（   ）属于建筑安装工程间接费的内容。

A. 工程定额测定费   B. 职工教育经费

C. 施工企业差旅交通费   D. 工程监理费

E. 建设期贷款利息

6. 基本预备费等于（   ）之和乘以基本预备费率。

A. 设备及工器具购置费   B. 建安工程费

C. 建设期贷款利息   D. 工程建设其他费

E. 固定资产投资方向调节税

7. 以下属于生产工人人工单价组成内容的有（   ）。

A. 基本工资   B. 工资性津贴

C. 职工福利费   D. 劳动保护费和辅助工资

E. 劳动保险费

8. 在下列费用中，属于与未来企业生产经营有关的工程建设其他费用有（   ）。

A. 建设单位管理费   B. 勘察设计费

C. 供电贴费   D. 生产准备费

E. 办公和生活家具购置费

9. 在我国建筑安装工程费的构成中，下列（   ）属于规费。

A. 施工管理用财产保险费   B. 医疗保险费

C. 工程保修费   D. 工程排污费

E. 工程定额测定费

10. 下列（   ）属于建筑安装工程措施费的范围。

A. 脚手架费   B. 临时设施费

C. 材料二次搬运费   D. 大型机械现场安装后的试运转费

E. 施工现场办公室的取暖费

三、分析计算题

某拟建工业项目各项数据如下：

（1）主要生产项目 7400 万元（其中：建筑工程费 2800 万元、设备购置费 3900 万元、安装工程费 700 万元）；

（2）辅助生产项目 4900 万元（其中：建筑工程费 1900 万元、设备购置费 2600 万元、安装工程费 400 万元）；

（3）公用工程 2200 万元（其中：建筑工程费 1320 万元、设备购置费 660 万元、安装工程费 220 万元）；

（4）环境保护工程 660 万元（其中：建筑工程费 330 万元、设备购置费 220 万元、安装工程费 110 万元）；

（5）总图运输工程 330 万元（其中：建筑工程费 220 万元、设备购置费 110 万元）；

（6）服务性建筑工程费 160 万元；

（7）生活福利建筑工程费 220 万元；

（8）厂外建筑工程费 110 万元；

（9）工程建设其他费用占建安工程费、设备购置费之和的 5%；

（10）基本预备费率 10%；

（11）建设期各年涨价预备费率 6%；

（12）建设期两年，第一年、第二年分别投入静态投资 60% 和 40%。第一年贷款 5000 万元，第二年贷款 4800 万元，年利率 6%，按年计息；

（13）固定资产投资方向调节税率 5%。

试求拟建工业项目的基本预备费、涨价预备费、建设期贷款利息、固定资产投资方向调节税、工程造价。

3 决策与设计阶段工程造价

教学目标：引导学生掌握项目决策与设计阶段工程造价的确定与控制方法，使学生具有一定的投资估算能力、拟建项目评价能力、设计概算编制能力、施工图预算审查能力。

知 识 点：可行性研究、固定资产投资估算、流动资金估算、财务评价指标与计算、全部投资现金流量表编制、损益表编制、建筑工程概算编制、设计概算审查、施工图预算审查。

学习提示：了解决策阶段影响工程造价的因素、建设项目的可行性研究；通过示例，掌握固定资产静态投资估算方法、流动资金估算方法、项目财务盈利能力指标计算方法、还本付息表的编制、全部投资现金流量表的编制、损益表的编制、建筑工程设计概算的编制；理解设计概算、施工图预算的审查方法；通过综合案例，贯通本章的知识点。

3.1 概述

决策在工程项目建设中包括两重含义：一是对拟建项目决定是建、还是不建，这需要进行可行性论证；二是如果决定了建设拟建项目，将以什么标准来建，这需要进行技术经济分析，对比不同建设方案并做出选择。决策正确与否，不仅关系到工程项目建设的成败，也关系到将来工程造价的高低，正确的决策是合理确定与控制工程造价的前提。

当决定建设拟建项目后，就需要进行设计工作。设计是建设项目由计划变为现实具有决定意义的工作阶段。拟建工程在建设过程中能否保证进度、保证质量和节约投资，在很大程度上取决于设计质量的优劣。工程建成后，能否获得满意的经济效果，除了项目决策之外，设计工作起着决定性的作用。

3.1.1 决策阶段影响工程造价的因素

1. 项目建设规模

项目建设规模是指拟建项目想要建多大。如：建一座水泥厂，是想建成年产 100 万 t 还是想年产 200 万 t；建一个五星级宾馆，是想有 300 间客房还是有 500 间客房；建一个居民小区，是想居民小区将来居住 1000 户还是想居住 2000 户。从投资总量上看，建设规模越大投资越多，如建一座年产 200 万 t 水泥厂的投资显然大于年产 100 万 t 水泥厂的投资。但从投资效果上讲，是需要比较单位投资额的，如水泥厂需要比较生产每万吨水泥的投资额。

一般说来，单位投资额是随着建设规模的扩大而逐渐减少的，如水泥厂的建设规模从年产 100 万 t 增加到年产 200 万 t，产量增加了一倍，但建设投资额的增加往往小于一倍，这是因为大规模生产与小规模生产在基础设施的投资上相差很小而导致的，这种现象在经济学里被称为规模效益递增。

这是不是说建设规模越大就越好呢？实践证明生产规模过大，超过了项目的产品市场需求量，则会导致开工不足、产品积压或降价销售，致使项目经济效益下降，从而出现规模效益递减。

合理确定项目建设规模，不仅要考虑项目内部各因素间的数量匹配、能力协调，还要使所有生产力因素共同形成的经济实体在规模上大小适应，以合理确定和有效控制工程造价。

2. 项目建设标准

项目建设标准是指项目在建设中想达到的规格程度。如一座宾馆的外墙装修是采用贴瓷砖、还是做大理石墙面或做玻璃幕墙。不同的建设规格标准，显然会使工程造价大不一样。

建设标准水平定的过高，会脱离我国的实际情况与财力、物力的承受能力，增加造价；建设标准水平定的过低，将会妨碍技术进步，影响国民经济的发展和人民生活的改善。因此，建设标准水平应从我国目前的经济发展水平出发，区别不同地区、不同规模、不同等级、不同功能，合理确定。对于我国的大多数工业交通项目应采用中等适用标准，对少数引进国外先进技术和设备的项目或少数有特殊要求的项目，标准可适当高些。在建筑方面，应坚持经济、适用、安全的原则。建设项目标准中的各项规定，能定量的应尽量给出指标，不能规定指标的要有定性的原则要求。

3. 项目建设地点

项目建设地点是指将项目建在哪里，如一个房地产开发商是打算将房子建在市中心还是建在市郊。市中心的地价显然高于市郊的，因此在建设投资上会有很大的差距。

项目建设地点的选择将从两个方面影响造价，一是在项目建设期的投资上，二是在项目建成后的使用上。工业项目如果建设得离原材料或产品消费地过远，尽管在建设过程投资可能很低，但在将来的项目生产使用中却需长期的远距离运输而耗费大量的资金就得不偿失了。在建设地点选择上，要综合考虑下面两方面：

（1）项目建设期间的投资。包括土地征购费、拆迁补偿费、土石方工程费、运输设施费、排水及污水处理设施费、动力设施费、生活设施费、临时设施费、建材运输费。

（2）项目建成后的使用费。如工业项目中的原材料及燃料运入费、产品的运出费、给水排水及污水处理费、动力供应费等。

4. 工程技术方案

工程技术方案对工程造价的影响主要表现在工业项目中，包括生产工艺方案的确定与主要设备的选择两部分。

生产工艺是生产产品所采用的工艺流程和制作方法。工艺流程指投入物（原材料或半成品）经过有次序的生产加工，成为产出物（产品或加工品）的过程。工艺先进会带来产品质量与生产成本上的优势，但却需要高额的前期投资。我国目前评价拟采用的工艺是否可行主要采取两项指标：先进适用、经济合理。

设备投资在工业项目的总投资中往往占的比重极大。在设备选用中主要应处理好以下几个问题：

（1）尽量选用国有设备；

（2）注意进口设备之间以及国内外设备之间的衔接配套；

（3）注意进口设备与原有国产设备、厂房间的配套；

（4）注意进口设备与原材料、备品备件及维修能力间的配套。

3.1.2 建设项目的可行性研究

可行性研究是指在项目建设前，对拟建项目进行全面、系统的技术经济分析和论证，对项目建成后的经济效益进行预测与评价，由此得出该项目是否应该投资和如何投资等结论性意见，为项目投资决策提供依据。

1. 可行性研究的内容

（1）总论

包括：项目背景（如项目名称、项目提出的理由、承办单位情况等），项目概况（如项目拟建地点、拟建规模、主要建设条件、项目总投资及效益、主要技术经济指标等），问题与建议。

（2）市场预测

包括：目标市场的竞争预测、产品供求预测、价格预测、目标市场的进入风险预测。工业建设项目中的市场预测，是为确定项目建设规模与产品方案提供依据的。

（3）资源条件评价

包括：资源可利用量、资源品质、资源赋存条件、资源开发价值。资源条件评价仅在资源开发类项目（如煤矿、石油等）建设时才做。

（4）拟建规模与产品方案

包括：项目建设规模方案的产生、比选与选择结果，提出推荐方案及理由；产品构成方案的产生、比选与选择结果，提出推荐方案及理由。

（5）厂址选择

包括：厂址所在位置及现状（地理位置、厂址土地权属及面积、土地利用情况），厂址建设条件（工程地质水文条件、气候条件、周边环境条件、交通运输条件、当地政府政策导向、征地拆迁条件、施工条件），厂址条件比选（建设条件比选、投资比选、运营费比选）。提出推荐的厂址方案，给出厂址地理位置。

（6）技术、设备与工程方案

包括：技术方案（生产方法、工艺流程），主要设备方案（主要设备选型、来源与设备清单），工程方案（施工方案、"三材"用量估算、主要建筑与构筑物一览表）。提出推荐的技术、设备与工程方案及理由。

（7）主要原材料与燃料供应

包括：对原材料、辅助材料与燃料的品种、规格、数量、价格、来源与供应方式进行研究论证。

（8）总图、运输与公用辅助工程

包括：总图布置（总平面与竖向布置、指标表），场内外运输（运输量、运输方式、运输设备），公用辅助工程（给水排水、供电、通信、供热、通风、维修、仓储等公用工程）。

（9）能源与资源节约措施

（10）环境影响评价

包括：厂址环境条件、项目建设和生产对环境的影响、环境保护措施和环境影响评价。

（11）安全、卫生与消防

（12）组织机构与人力资源配置

包括：项目法人组建方案、管理机构体系图、劳动定员数量及技能要求、工资与福利水平、员工来源与招聘计划、员工培训计划。

（13）项目实施进度

包括：建设工期、进度表、资金投入计划。

（14）投资估算

包括：投资估算依据、固定资产投资估算、流动资金投资估算。

（15）融资方案

包括：资本金（指项目法人自有资金）筹措、债务资金（指贷款或借款）筹措。

（16）项目经济评价

包括：项目的财务评价与国民经济评价。

（17）社会评价

包括：项目的社会影响分析、项目与所在地区的互适性分析、社会风险分析。

（18）风险分析

包括：风险识别、风险评价、风险规避对策。

（19）研究结论与建议

在前面各项研究论证的基础上，综合论述项目的可行性，提出结论性意见，推荐一个或几个方案供决策者参考。

概括起来，可行性研究报告的内容可分为三大部分：一是市场研究，主要解决项目的"必要性"问题；二是技术研究，主要解决项目技术上的"可行性"问题；三是效益研究，即经济效益和社会效益的分析与评价，主要解决项目在效益上的"合理性"问题，这是可行性研究的核心部分。在有些情况下，经济效益与社会效益往往是矛盾的，即某些项目从投资者的角度看，经济效益显著，但社会效益却不佳，如建小型煤矿、小化工厂等导致的资源无序开采和破坏生态环境，这时政府将从社会效益方面考虑对该类项目建设进行限制。

一般说来，政府投资建设的项目往往侧重于社会效益，如我国的三峡工程建设。而企业和个人投资建设的项目往往更看重项目本身所产生的经济效益，如一个房地产商开发楼盘的目的是想获得利润，在进行房地产开发项目的可行性研究时就会重点关注财务分析部分。

2. 可行性研究报告的编制

（1）编制程序

1）项目建设单位提出项目建议书和初步可行性研究报告。

2）项目建议书经过有关部门审批后，该项目即可立项。项目立项后可成立项目法人组织（即项目业主），项目业主以签订合同的方式，委托有资格的工程咨询公司或设计单位进行可行性研究工作。

3）接受委托的咨询公司或设计单位可按下面步骤开展可行性研究工作

A. 了解业主意图；

B. 明确研究范围；

C. 组成可行性研究项目小组，制订工作计划；

D. 调研、搜集资料；

E. 方案比选和效益评价；

F. 编写可行性研究报告；

G. 与委托单位交换意见。

（2）编制要求

1）可行性研究报告的编制单位必须具有经国家有关部门审批登记的资质等级证明，编制人员应当具有所从事专业的中级以上技术职称，并具有相关的知识、技能与工作经历。

2）编制单位和编制人员应坚持独立、客观、公正的原则，实事求是的开展工作，确保可行性研究报告的真实性与科学性。

3）可行性研究工作应具有一定的深度。即可行性研究报告选用的主要设备应能满足订货地要求；重大的技术与经济方案应有两个以上方案的比选；主要的工程技术数据应能满足初步设计的要求。

4）编制单位的行政、技术、经济方面的负责人应当在可行性研究报告上签字，并对报告的质量负责。

3. 可行性研究报告的审批

（1）政府对投资项目的管理

1）对于政府投资建设的项目，实行审批制。即由政府有关部门审批该项目的项目建议书、可行性研究报告。

2）对于企业不使用政府性投资建设的项目，区别不同情况实行核准制与备案制。政府仅对重大项目和限制类项目，从维护社会公共利益的角度进行核准；其他项目均实行备案制。可行性研究报告不需要经过政府部门的审批。

3）对于以投资补助、转贷或贷款贴息方式使用政府资金的企业投资项目，在项目核准或备案后，向政府有关部门提交资金申请报告。政府只对是否给予资金支持进行批复，不对是否允许项目投资建设提出意见。

4）企业以资本金注入方式使用政府资金的，实质是政府与企业共同出资建设，政府需要审批项目建议书、可行性研究报告。

5）对于外商投资项目和境外投资项目，除中央管理企业限额以下投资项目实行备案制外，其他均实行政府核准制。

（2）政府直接投资和资本金注入项目的审批

1）由国家发展和改革委员会审核报国务院审批的项目

A. 使用中央预算内投资、中央专项建设资金、中央统还国外贷款 5 亿元及以上的建设项目；

B. 使用中央预算内投资、中央专项建设资金、中央统借自还国外贷款 50 亿元及以上的建设项目。

2）由国家发展和改革委员会审批的地方政府投资项目

只审批项目建议书，不需审批可行性研究报告。

3）使用国外援助性资金的项目审批

A. 中央统借统还的项目，可行性研究报告由国家发展和改革委员会审核报国务院审批。

B. 由省级政府负责偿还或提供还款担保的项目，除由国家发展和改革委员会审批或审核的项目外，其他项目的可行性研究报告均由省级发展改革部门审批，审批权不得下放。

3.2 项目投资估算

项目投资估算是指在项目建设的投资决策中，采用适当的方法，对项目的投资数额进行的估计。

3.2.1 投资估算的内容、精度与用途

1. 投资估算的内容

建设项目的投资估算包括两方面内容：固定资产投资估算与流动资金估算。

固定资产投资包括：建筑安装工程费、设备及工器具购置费、工程建设其他费、基本预备费、涨价预备费、建设期贷款利息、固定资产投资方向调节税。其中，建筑安装工程费、设备及工器具购置费形成实体固定资产；基本预备费、涨价预备费、建设期贷款利息、固定资产投资方向调节税计入固定资产；工程建设其他费可分别形成固定资产、无形资产及其他资产。

流动资金是指生产性项目建成投产后，用于购买原材料、燃料、支付工资及其他经营费用等所需的周转资金。

2. 投资估算的精度

我国的投资估算主要分为项目规划、项目建议书、初步可行性研究、详细可行性研究四个阶段。

（1）项目规划阶段

项目规划阶段是指有关部门和单位，根据国民经济发展规划、地区发展规划和行业发展规划的要求，编制一个建设项目的建设规划。此阶段仅需粗略的估计建设项目所需的投资额。投资估算误差可大于±30％。

（2）项目建议书阶段

项目建议书阶段投资估算，是按建议书中确定的建设规模、产品方案、主要生产工艺、初选建设地点等估算项目所需的投资额。投资估算的误差应控制在±30％以内。

（3）初步可行性研究阶段

该阶段的投资估算是在掌握更详细、深入的资料条件下，估算建设项目所需的投资额。投资估算的误差应控制在±20％以内。

（4）详细可行性研究阶段

详细可行性研究阶段的投资估算，经审查批准之后，便是工程设计任务书中规定的投资限额，并据此列入年度建设计划。投资估算的误差应控制在±10％以内。

3. 投资估算的用途

投资估算是项目决策的重要依据，概括起来有以下用途：

（1）项目建议书阶段的投资估算，是项目主管部门审批项目建议书的主要依据之一，

并对项目的建设规模产生直接影响。

（2）项目可行性研究阶段的投资估算，是项目投资决策的重要依据。

（3）当可行性研究报告被批准后，批准的投资估算值即为项目建设投资的最高限额，其后的设计概算不得突破投资估算额。

（4）批准的投资估算值，将作为项目建设资金筹措和制订贷款计划的依据。

3.2.2 固定资产投资估算

固定资产投资可分为静态投资与动态投资两个部分。固定资产的静态投资包括：设备及工器具购置费、建筑安装工程费、工程建设其他费、基本预备费。动态投资包括：涨价预备费、建设期贷款利息、固定资产投资方向调节税。

固定资产投资估算在不同的阶段因精度要求不一样，所采用的估算方法也不同。在项目规划与项目建议书阶段，投资估算的精度要求低，可采用简单、易行的方法进行。在可行性研究阶段，尤其是详细可行性研究阶段，投资估算的精度要求高，则需要采用详细、复杂的方法进行，以满足估算精度的要求。

1. 固定资产静态投资估算

固定资产静态部分的投资估算，要按某一确定的时间来进行，一般以开工的前一年为基准年，以这一年的价格为依据估算，否则就会失去基准作用。

（1）单位建筑面积估算法

单位建筑面积估算法主要用于估算项目规划与建议书阶段的一般民用建筑的静态投资，如住宅、教学楼等。该方法是根据已建成的、类似的建设项目的单位建筑面积静态投资来估算拟建项目的静态投资。

【例 3-1】 某房地产公司拟在 A 地开发一座总建筑面积为 20 万 m^2 的楼盘，该公司获得了一个类似已建楼盘的相关资料：建筑面积 15 万 m^2、静态投资 1.75 亿元人民币。估算拟建楼盘的静态投资。

【解】 已建楼盘单位建筑面积静态投资＝175000000/150000＝1166.67 元人民币/m^2

拟建楼盘的静态投资＝1166.67×200000＝23333.4 万元人民币

单位建筑面积估算法的优点是计算简单、快速，但估算误差较大，达±30%。

（2）生产能力指数法

生产能力指数法是根据已建成的、性质类似的建设项目的投资额和生产能力及拟建项目的生产能力估算拟建项目的投资额。该方法主要用于估算工业生产性建筑的静态投资，精度可达±20%，其计算公式为：

$$C_2 = C_1 \left(\frac{Q_2}{Q_1} \right)^n f \qquad (3-1)$$

式中 C_1——已建类似项目的投资额；

　　C_2——拟建项目的投资额；

　　Q_1——已建类似项目的生产能力；

　　Q_2——拟建项目的生产能力；

　　n——生产能力指数；

　　f——不同建设时期与地点的综合调整系数。

【例 3-2】 已知 A 地 2001 年兴建的年产 30 万 t 某化工产品的化工厂的静态投资额为

50000 万元，估算 2009 年在 B 地拟建年产 50 万 t 该化工产品的化工厂的静态投资额。若将拟建化工厂的生产能力提高两倍，静态投资额将增加多少（设生产能力指数为 0.7，综合调整系数 1.1）？

【解】 （1）拟建年产 50 万 t 某化工产品的化工厂的静态投资额为：

$$C_2 = C_1 \left(\frac{Q_2}{Q_1}\right)^n f = 50000 \times \left(\frac{50}{30}\right)^{0.7} \times 1.1$$

$$= 78642.41 \text{ 万元}$$

（2）将拟建项目的生产能力提高两倍，投资额将增加：

$$50000 \times \left(\frac{3 \times 50}{30}\right)^{0.7} \times 1.1 - 50000 \times \left(\frac{50}{30}\right)^{0.7} \times 1.1 = 91041.9 \text{ 万元}$$

由［例 3-2］可见，拟建化工厂的生产能力提高了两倍，但投资额却只增加了 91041.9/78642.41 = 1.16 倍，投资额并没有随着生产能力的提高呈线性增加，这种现象在经济学中被称为规模效益递增。

（3）设备系数法

设备系数法是以拟建项目的设备费为基数，根据已建成的同类项目的建筑安装工程费和其他工程费占设备价值的百分比，求出拟建项目建筑安装工程费和其他工程费，进而求出建设项目总投资。设备系数法在我国的工业项目建设中较常使用，其计算公式为：

$$C = E(f + f_1 P_1 + f_2 P_2 + f_3 P_3 + \cdots) + I \tag{3-2}$$

式中　　　　C——拟建项目的总投资；

　　　　　　E——根据拟建项目的设备清单按已建项目当时、当地的价格计算的设备费；

$P_1, P_2, P_3 \cdots$——已建项目中建筑、安装及其他工程费用等占设备费的百分比；

$f, f_1, f_2, f_3 \cdots$——因时间因素引起的定额、价格、费用标准等变化的综合调整系数；

　　　　　　I——拟建项目的其他费用。

【例 3-3】 A 地于 2010 年 8 月拟兴建一年产 60 万 t 甲产品的工厂，现获得 B 地 2005 年 6 月投产的年产 40 万 t 甲产品类似厂的建设投资资料。B 地类似厂的设备费 18000 万元，建筑工程费 9000 万元，安装工程费 6000 万元，工程建设其他费 5000 万元。若拟建项目的其他费用为 7000 万元，考虑因 2005 年至 2010 年时间因素导致的对设备费、建筑工程费、安装工程费、工程建设其他费的综合调整系数分别为 1.1、1.2、1.2、1.1、生产能力指数为 0.6，估算拟建项目的静态投资。

【解】 （1）求已建项目建筑工程费、安装工程费、工程建设其他费占设备费的百分比。

建筑工程费：9000/18000 = 0.5

安装工程费：6000/18000 = 0.33

工程建设其他费：5000/18000 = 0.28

（2）估算拟建项目的静态投资：

$$C = E(f + f_1 P_1 + f_2 P_2 + f_3 P_3 + \cdots) + I$$

$$= 18000 \times \left(\frac{60}{40}\right)^{0.6} \times (1.1 + 1.2 \times 0.5 + 1.2 \times 0.33 + 1.1 \times 0.28) + 7000$$

$$= 62190.17 \text{ 万元}$$

（4）朗格系数法

朗格系数法是以设备费为基础，乘以适当系数来推算项目的静态投资。该方法是世界银行进行生产类项目投资估算常采用的方法，其计算公式为：

$$C = E(1 + \Sigma K_i)K_c \tag{3-3}$$

式中　C——建设项目静态投资；

　　　E——主要设备费；

　　　K_i——管线、仪表、建筑物等项费用的估算系数；

　　　K_c——管理费、合同费、应急费等项目费用的总估算系数。

静态投资与设备费用之比为朗格系数。即：

$$K_L = (1 + \Sigma K_i)K_c \tag{3-4}$$

朗格系数包含的内容见表 3-1。

朗格系数包含的内容　　　　　　　　　　　表 3-1

项　　　目		固体流程	固流流程	流体流程
朗格系数 K_L		3.1	3.63	4.74
内容	(a) 包括基础、设备、绝热、油漆及设备安装	$E \times 1.43$		
	(b) 包括上述在内和配管工程费	(a)×1.1	(a)×1.25	(a)×1.6
	(c) 装置直接费	(b)×1.5		
	(d) 包括上述在内和间接费	(c)×1.31	(c)×1.35	(c)×1.38

表 3-1 中的各种流程指的是产品加工流程中使用的材料分类。固体流程指加工流程中材料为固体形态；流体流程指加工流程中材料为流体（气、液、粉体等）形体；固流流程指加工流程中材料为固体形态和流体形态的混合。

【例 3-4】　某地拟建一年产 50 万台电视机的工厂，已知该工厂的设备到达工地的费用为 30000 万元，计算各阶段费用并估算工厂的静态投资。

【解】　电视机加工流程中使用的材料为固体，因此为固体流程。

（1）基础、绝热、油漆及设备安装费：

$$30000 \times 1.43 - 30000 = 12900 \text{ 万元}$$

（2）配管工程费：

$$30000 \times 1.43 \times 1.1 - 30000 - 12900 = 4290 \text{ 万元}$$

（3）装置直接费：

$$30000 \times 1.43 \times 1.1 \times 1.5 = 70785 \text{ 万元}$$

（4）间接费：

$$30000 \times 1.43 \times 1.1 \times 1.5 \times 1.31 - 70785 = 21943.35 \text{ 万元}$$

（5）电视机厂的静态投资：

$$70785 \times 1.31 = 92728.35 \text{（万元）}$$

（5）指标估算法

指标估算法是精度较高的静态投资估算方法，主要用于详细可行性研究阶段。这种方法是对组成建设项目静态投资的设备及工器具购置费、建筑工程费、安装工程费、工程建设其他费、基本预备费分别进行估算，然后汇总成建设项目的静态投资。指标估算法一般采用表格的形式进行计算。

1）设备及工器具购置费的估算可采用第二章第一节中的方法进行。对于价值高的设备应按台（套）估算购置费，价值较小的设备可按类估算，国内设备与进口设备应分别估算，形成设备及工器具购置费估算表。

2）建筑工程费一般采用单位投资估算法。单位投资估算法是用单位工程投资量乘以工程总量计算，如：房屋建筑用单位建筑面积投资（元/m²）估算、水坝以单位长度投资（元/m）估算、铁路路基以单位长度投资（元/km）估算、土石方工程以每立方米投资（元/m³）估算。

3）安装工程费可根据安装工程定额中的安装费率或安装费用指标进行估算，具体计算公式为：

$$安装工程费＝设备原价×安装费率 \tag{3-5}$$

$$安装工程费＝安装工程实物量×安装费用指标 \tag{3-6}$$

4）工程建设其他费按各项费用科目的费率或取费标准估算。

5）基本预备费按教学单元2第2.4中的式（2-53）估算。

2. 固定资产动态投资估算

固定资产动态投资估算是指对涨价预备费、建设期贷款利息、固定资产投资方向调节税三项的估算，具体可按第一章第四节中的方法进行。

3.2.3 流动资金估算

流动资金主要发生在生产性项目中，是为正常生产运营，用于购买原材料、燃料，支付工资及其他经营费用等所用的周转资金。流动资金估算一般采用分项详细估算法进行。

（一）分项详细估算法

分项详细估算法是对构成流动资金的各项流动资产与流动负债分别进行估算。其计算公式为：

$$流动资金＝流动资产－流动负债 \tag{3-7}$$

$$流动资产＝现金＋应收账款＋存货 \tag{3-8}$$

$$流动负债＝应付账款＋预收账款 \tag{3-9}$$

在可行性研究中，为简化计算，仅对现金、应收账款、存货、应付账款四项进行估算，不考虑预收账款。

（1）现金估算

项目流动资金中的现金是指货币资金，即企业生产运营活动中停留于货币形态的那部分资金，包括企业库存现金和银行存款。

$$现金＝\frac{年工资及福利费＋年其他费用}{现金周转次数} \tag{3-10}$$

$$年其他费用＝制造费用＋管理费用＋销售费用－（以上三项费用中所含的$$
$$工资及福利费、折旧费、维简费、摊销费、修理费） \tag{3-11}$$

$$现金周转次数＝\frac{360 天}{最低周转天数} \tag{3-12}$$

（2）应收账款估算

应收账款是指企业对外赊销商品、劳务而占用的资金。应收账款的周转额应为全年赊销销售收入。在可行性研究时，用年销售收入代替赊销收入。

$$应收账款=\frac{年销售收入}{应收账款周转次数} \tag{3-13}$$

（3）存货估算

存货是企业为销售或生产耗用而储备的各种物资，主要有原材料、辅助材料、燃料、低值易耗品、维修备件、包装物、在产品、自制半成品和产成品等。为简化计算，仅考虑外购原材料、外购燃料、在产品和产成品，并分项进行计算。

$$外购原材料=\frac{年外购原材料总成本}{原材料按种类分项周转次数} \tag{3-14}$$

$$外购燃料=\frac{年外购燃料}{燃料按种类分项周转次数} \tag{3-15}$$

$$在产品=\frac{年外购原材料、燃料+年工资及福利+年修理费+年其他制造费}{在产品周转次数} \tag{3-16}$$

$$产成品=\frac{年经营成本}{产成品周转次数} \tag{3-17}$$

$$存货=外购原材料+外购燃料+在产品+产成品 \tag{3-18}$$

（4）流动负债估算

流动负债是指在一年或超过一年的一个营业周期内，需要偿还的各种债务。在可行性研究中，流动负债的估算仅考虑应付账款一项。

$$应付账款=\frac{年外购原材料+年外购燃料}{应付账款周转次数} \tag{3-19}$$

【例 3-5】 某厂定员为 600 人，工资和福利费按每人每年 30000 元估算。每年的其他费用 800 万元，其他制造费 600 万元。年收入估算为 60000 万元，年外购原材料、燃料动力费为 15000 万元，年经营成本为 20000 万元，年修理费占年经营成本的 10%。各项流动资金的最低周转天数分别为：应收账款 30d，现金 40d，应付账款 30d，存货 40d。试用分项详细估算法估算流动资金。

【解】 （1）现金估算

$$现金=\frac{年工资及福利费+年其他费用}{现金周转次数}=\frac{3\times600+800}{360/40}=288.89\ 万元$$

（2）应收账款估算

$$应收账款=\frac{销售收入}{应收账款周转次数}=\frac{60000}{360/30}=5000\ 万元$$

（3）存货估算

因存货周转天数为 40d，故外购原材料、燃料的周转次数均为 360/40＝9 次，则：

①外购原材料＋外购燃料$=\frac{15000}{9}=1666.67\ 万元$

②在产品$=\frac{年外购原材料、燃料+年工资及福利+年修理费+年其他制造费}{在产品周转次数}$

$$=\frac{15000+3\times600+20000\times10\%+600}{360/40}=2155.56\ 万元$$

③产成品 $=\dfrac{\text{年经营成本}}{\text{产成品周转次数}}=\dfrac{20000}{360/40}=2222.22$ 万元

④存货＝外购原材料＋外购燃料＋在产品＋产成品

$\quad\quad=1666.67+2155.56+2222.22=6044.45$（万元）

（4）应付账款估算

$$\text{应付账款}=\dfrac{\text{年外购原材料＋年外购燃料}}{\text{应付账款周转次数}}=\dfrac{15000}{360/30}=1250\text{ 万元}$$

（5）流动资金估算

流动资金＝流动资产－流动负债

$\quad\quad$＝现金＋应收账款＋存货－应付账款

$\quad\quad=288.89+5000+6044.45-1250=10083.34$ 万元

（二）采用分项详细估算法应注意的问题

（1）应根据项目实际情况分别确定现金、应收账款、存货、应付账款的最低周转天数，并考虑一定的保险系数。对于存货中的外购原材料、燃料要根据不同品种和来源，考虑运输方式和运输距离等因素确定。

（2）不同生产负荷下的流动资金是按相应负荷时的各项费用金额和给定的公式计算出来的，不能按 100% 负荷下的流动资金乘以负荷百分数求得。

（3）流动资金属于长期性（永久性）资金，流动资金的筹措可通过长期负债和资本金（权益融资）的方式解决。流动资金借款部分的利息应计入财务费用，项目计算期末收回全部流动资金本金。

在工业项目决策阶段，为了保证项目投产后能正常生产经营，往往需要有一笔最基本的周转资金，这笔最基本的周转资金被称为铺底流动资金。铺底流动资金一般为流动资金总额的 30%，其在项目正式建设前就应该落实。

3.3　项目财务评价

3.3.1　财务评价概述

1. 财务评价概念

建设项目的评价包括财务评价和国民经济评价。

财务评价是根据国家现行财税制度和价格体系，分析项目直接发生的财务效益和费用，编制财务报表，计算评价指标，考察项目的赢利能力、清偿能力以及外汇平衡能力等财务状况，据以判别项目在财务上的可行性。

财务评价是建设项目经济评价中的微观层次，主要从投资者角度分析项目可能给投资主体带来的经济效益和投资风险。企业进行建设项目投资时，一般都要进行财务评价。

建设项目的国民经济评价是一种宏观层次的评价，一般只对某些在国民经济中有重要作用和影响的大中型建设项目以及特殊行业和交通运输、水利等基础性、公益性建设项目进行国民经济评价。

2. 财务评价内容

财务评价内容	财务评价基本报表	财务评价指标	
		静态指标	动态指标
盈利能力分析	全部投资现金流量表	全部投资回收期	财务内部收益率 财务净现值
	自有资金现金流量表		财务内部收益率 财务净现值
	损益表	投资利润率 投资利税率 资本金利润率	
偿债能力分析	资金来源与资金运用表	借款偿还分析	
	资产负债表	资产负债率 流动比率 速动比率	
外汇平衡分析	财务外汇平衡表		
不确定性分析	盈亏平衡分析	盈亏平衡产量 盈亏平衡生产能力利用率	
	敏感性分析	灵敏度 不确定因素的临界值	
风险分析	概率分析	NPV≥0 的累计概率 定性分析	

财务评价程序：

（1）估算建设项目的现金流量；

（2）编制基本财务报表；

（3）计算财务评价指标，进行初步评价；

（4）进行不确定性分析；

（5）进行风险分析；

（6）得出评价结论。

3.3.2 财务评价的主要指标与方法

从表 3-2 可见，财务评价的内容包括五个方面，即：盈利能力分析、偿债能力分析、外汇平衡分析、不确定性分析、风险分析，其中重点是盈利能力分析和偿债能力分析。评价建设项目盈利能力的主要指标有：静态投资回收期、动态投资回收期、净现值、内部收益率、投资利润率、投资利税率、资本金利润率；评价建设项目偿债能力的主要指标有：借款偿还分析、资产负债率、流动比率、速动比率。

1. 盈利能力分析

评价建设项目盈利能力的数据将从现金流量表和损益表中获得。

（1）静态投资回收期

静态投资回收期是指以项目每年的净收益回收项目全部投资所需要的时间。项目全部投资指固定资产投资与流动资金投资二者的和。项目每年的净收益指税后利润加折旧。静态投资回收期的表达式为：

$$\sum_{t=1}^{P_t} (CI - CO)_t = 0 \qquad (3-20)$$

式中　　P_t——静态投资回收期；

　　　　CI——现金流入；

　　　　CO——现金流出；

$(CI-CO)_t$——第 t 年的净现金流量。

静态投资回收期一般以"年"为单位，自项目建设开始年算起，当然也可以自项目建成投产后的运营期起计算静态投资回收期，对于这种情况，需要加以说明，以防止两种情况的混淆。如果项目建成投产后，运营期每年的净收益相等，则投资回收期可用下式计算：

$$P_t = \frac{K}{NB} + T_K \qquad (3-21)$$

式中　K——全部投资；

　　　NB——每年的净收益；

　　　T_K——项目建设期。

如果项目建成投产后各年的净收益率不相同，则静态投资回收期可根据累计净现金流量求得。其计算公式为：

$$P_t = 累计净现金流量开始出现正值的年份 - 1 + \frac{上年累计现金流量的绝对值}{当年净现金流量} \qquad (3-22)$$

静态投资回收期主要用于对项目投资与否的粗略评价，其意义为：若计算出的静态投资回收期不大于投资者期望的投资回收期，则拟建项目可行，反之不可行。

【例 3-6】 某项目全部投资现金流量表中各年的净现金流量见表 3-3，若投资者期望的回收期为 8 年，计算拟建项目的静态投资回收期，判断项目的可行性。

某项目全部投资各年净现金流量　　　　　　　　　　　　　表 3-3

年	建设期		运营期									
	1	2	3	4	5	6	7	8	9	10	11	12
净现金流量	−600	−900	−13	339	339	339	339	339	339	339	339	1006

【解】 (1)计算项目各年累计净现金流量，见表 3-4。

项目各年累计净现金流量　　　　　　　　　　　　　　　表 3-4

年	建设期		运营期									
	1	2	3	4	5	6	7	8	9	10	11	12
净现金流量	−600	−900	−13	339	339	339	339	339	339	339	339	1006
累计净现金流量	−600	−1500	−1513	−1174	−835	−496	−157	182	521	860	1199	2205

(2) 找出累计净现金由负变正的年份及对应的累计净现金值，运用公式（3-22）求出静态投资回收期。

由表 3-4 可见，第 7 年的累计净现金为 −157，第 8 年的累计净现金为 182，则静态投资回收期为：

$$P_t = 8 - 1 + \frac{157}{339} = 7.46 \ 年$$

（3）判断项目投资的可行性

因计算的静态投资回收期 P_t＝7.46 年，小于投资者期望的投资回收期 8 年，故拟建项目可行。

（2）动态投资回收期

动态投资回收期是指在考虑了资金时间价值的情况下，以项目每年的净收益回收项目全部投资所需要的时间。这个指标主要是为了克服静态投资回收期指标没有考虑资金时间价值的缺点而提出的。动态投资回收期的表达式如下：

$$\sum_{t=0}^{P_t'} (CI - CO)_t (1 + i_c)^{-t} = 0 \qquad (3\text{-}23)$$

式中　P_t'——动态投资回收期；

i_c——基准收益率（即投资者期望的收益率）；

其他符号含义同前。

动态投资回收期需要先对各年的净现金值进行折现，再对各年的折现净现金值进行累计，然后用下式计算：

$$P_t' = 累计折现净现金出现正值的年份 - 1 + \frac{上年的累计折现净现金的绝对值}{当年折现净现金值} \qquad (3\text{-}24)$$

【例 3-7】 某项目全部投资现金流量表中各年的净现金流量如前表 3-3 所示，若投资者期望的回收期为 8 年，期望的收益率为 10%，计算拟建项目的动态投资回收期，判断项目的可行性。

【解】 （1）按期望收益率 10%，计算项目各年折现净现金值与累计折现净现金值，见表 3-5。

项目各年折现净现金值与累计折现净现金值　　　　　　　表 3-5

年	建设期		运营期									
	1	2	3	4	5	6	7	8	9	10	11	12
净现金流量	−600	−900	−13	339	339	339	339	339	339	339	339	1006
折现净现金值（i_c＝10%）	−546	−744	−10	232	211	191	174	158	144	131	119	321
累计折现净现金值	−546	−1290	−1300	−1068	−857	−666	−492	−334	−190	−59	60	381

表 3-5 中的各年的折现净现金值，是根据 $(CI - CO)_t (1 + i_c)^{-t}$ 计算出来的。例如：

第 1 年的折现净现金值为：$-600(1 + 10\%)^{-1} = -546$

第 6 年的折现净现金值为：$339(1 + 10\%)^{-6} = 191$

（2）找出累计折现净现金由负变正的年份及对应的累计折现净现金值，运用公式（3-24）求出动态投资回收期。

由表 3-5 可见，第 10 年的累计折现净现金值为−59，第 11 年的累计折现净现金值为60，则动态投资回收期为：

$$P_t = 11 - 1 + \frac{59}{119} = 10.5 \text{ 年}$$

（3）判断项目投资的可行性

因计算的动态投资回收期为 10.5 年大于投资者期望的投资回收期 8 年，故以动态投资回收期为评价标准，拟建项目不可行。

对于同一个拟建项目，由例 3-6 与例 3-7 可得出两个结论：一是计算出的动态投资回收期肯定大于静态投资回收期，这是因为在动态投资回收期计算时，对各年净现金进行折现的缘故；二是从静态投资回收期角度看可行的项目，从动态投资回收期上看则可能不可行。至于是否对动态投资回收期评价不可行的项目进行投资，需要投资者综合其他因素后再进行决策。

（3）财务净现值

财务净现值是指把项目计算期内各年的财务净现金流量，按照一个给定的基准收益率（标准折现率）折算到建设期初（项目计算期第一年年初）的现值之和。财务净现值是考察项目在计算期内盈利能力的主要动态评价指标。其表达式为：

$$FNPV = \sum_{t=1}^{n} (CI - CO)_t (1 + i_c)^{-t} \tag{3-25}$$

式中　$FNPV$——财务净现值；

　　$(CI - CO)_t$——第 t 年的净现金流量；

　　　　n——项目计算期；

　　　　i_c——基准收益率。

财务净现值表示建设项目的收益水平超过基准收益的额外收益。该指标在用于对投资方案进行经济评价时，若财务净现值不小于 0，项目可行，反之不可行。

【例 3-8】　某项目全部投资现金流量表中各年的净现金流量如前表 3-3 所示，若投资者期望收益率（基准收益率）为 10%，计算拟建项目的财务净现值，判断项目的可行性。

【解】　（1）按期望收益率 10%计算项目的财务净现值

$FNPV = -600(1+10\%)^{-1} - 900(1+10\%)^{-2} - 13(1+10\%)^{-3} + 339(1+10\%)^{-4} +$
$\qquad\qquad \cdots + 339(1+10\%)^{-11} + 1006(1+10\%)^{-12}$
$\qquad\quad = 381$

（2）判断项目投资的可行性

因该项目的财务净现值＝381＞0，所以项目可行。

（4）财务内部收益率

财务内部收益率是指项目在整个计算期内各年财务净现金流量的现值之和等于零时的折现率，也就是使项目的财务净现值等于零时的折现率，其表达式为：

$$\sum_{t=1}^{n} (CI - CO)_t (1 + FIRR)^{-t} = 0 \tag{3-26}$$

式中　$FIRR$——财务内部收益率；

其他符号意义同前。

财务内部收益率是反映项目实际收益率的一个动态指标，该指标越大越好。一般情况下，财务内部收益率大于或等于基准收益率时，项目可行。

财务内部收益率的计算过程是解一元 n 次方程的过程，求精确解十分困难。在实际问题中往往采用逐次逼近法求近似解，其求解过程为：

1）列算式：即列项目的财务净现值表达式，并令其等于零。

2）试算：

① 首先根据经验确定一个初始折现率 i_0；

② 将 i_0 代入所列表达式中计算财务净现值；

③ 若 $FNPV(i_0) = 0$，则 $FIRR = i_0$；

若 $FNPV(i_0) > 0$，则继续增大 i_0；

若 $FNPV(i_0) < 0$，则继续减少 i_0；

④ 重复步骤③，直到找到这样两个折现率 i_1 和 i_2，满足 $FNPV(i_1) > 0$，$FNPV(i_2) < 0$，其中 $i_2 - i_1$ 一般不超过 $2\% \sim 5\%$。

3）利用线性插值公式近似计算财务内部收益率 $FIRR$。计算公式为：

$$\frac{FIRR - i_1}{i_2 - i_1} = \frac{FNPV_1}{FNPV_1 - FNPV_2} \tag{3-27}$$

【例 3-9】 某项目全部投资现金流量表中各年的净现金流量如前表 3-3 所示，若投资者期望收益率（基准收益率）为 10%，计算拟建项目的内部收益率，判断项目的可行性。

（1）列算式

设财务内部收益率 $FIRR = x$，则：

$$FNPV = -\frac{600}{(1+x)^1} - \frac{900}{(1+x)^2} - \frac{13}{(1+x)^3} + 339 \times \frac{(1+x)^8}{x} \times \frac{1}{(1+x)^{11}}$$

$$+ 1006 \times \frac{1}{(1+x)^{12}} = 0 \tag{3-28}$$

（2）试算

设 $x = 11\%$，代入式（3-28）中，得：

$$NPV_{11\%} \approx 156 > 0$$

再设 $x = 12\%$，代入式（3-28）中，得：

$$FNPV_{12\%} \approx 66.23 > 0$$

再设 $x = 13\%$，代入式（3-28）中，得：

$$FNPV_{13\%} \approx -15.03 < 0$$

显然，拟求的财务内部收益率 $FIRR$ 在 12% 与 13% 之间。

（3）利用线性插值公式近似计算财务内部收益率 $FIRR$

通过 $FNPV_{12\%} \approx 66.23$ 与 $FNPV_{13\%} \approx -15.03$，在 12% 与 13% 之间用插入公式（3-27）求解财务内部收益率 $FIRR$。

$$FIRR = 12\% + \frac{66.23}{66.23 - (-15.03)}(13\% - 12\%) = 12.82\%$$

（4）判断项目投资的可行性

因该项目的财务内部收益率 $= 12.82\% > 10\%$，所以项目可行。

（5）投资利润率、投资利税率、资本金利润率

投资利润率、投资利税率、资本金利润率三个指标均为反映投资收益情况的静态指标。在采用投资利润率、投资利税率、资本金利润率对项目进行评价时，只要计算值不小于行业的平均值（或投资者要求的最低值），项目即可行。其表达式为：

$$投资利润率=\frac{年均利润总额}{投资总额}\times100\% \tag{3-29}$$

$$投资利税率=\frac{年均利润总额＋年均销售税金及附加}{投资总额}\times100\% \tag{3-30}$$

$$资本金利润率=\frac{年均税后利润额}{资本金}\times100\% \tag{3-31}$$

【例 3-10】 某项目固定资产投资总额为 10000 万元（其中自有资金为 5000 万元），流动资金投资总额为 3000 万元，各年的损益情况见表 3-6，计算该项目的投资利润率、投资利税率、资本金利润率。

项目损益表

表 3-6

序号	运营期年份	4	5	6	7	8	9	10	11	12	13	14	15
1	销售（营业）收入	6300	9000	9000	6300	9000	9000	6300	9000	9000	6300	9000	9000
2	销售税金及附加	360	540	540	540	540	540	540	540	540	540	540	540
3	总成本费用	5563	7318	7373	7228	7183	7183	7093	7048	7003	6958	6913	6913
4	利润总额	377	1142	1187	1232	1277	1322	1367	1412	1457	1502	1547	1547
5	所得税	124	377	392	407	421	436	451	466	481	496	511	511
6	税后利润	253	765	795	826	856	886	916	946	976	1006	1037	1037
7	公积金	25	77	80	83	86	89	92	95	98	101	104	104
8	应付利润	215	650	676	702	727	753	779	804	830	855	881	881

【解】 （1）投资利润率

$$
\begin{aligned}
投资利润率 &= \frac{年均利润总额}{投资总额}\times100\% \\
&= \frac{\begin{array}{c}(377＋1142＋1187＋1232＋1277＋1322＋1367＋1412＋1457\\＋1502＋1547＋1547)/12\end{array}}{10000＋3000}\times100\% \\
&= 9.85\%
\end{aligned}
$$

（2）投资利税率

$$
\begin{aligned}
投资利税率 &= \frac{年均利润总额＋年均销售税金及附加}{投资总额}\times100\% \\
&= (377＋360＋1142＋540＋1187＋540＋1232＋540＋1277 \\
&\quad ＋540＋1322＋540＋1367＋540＋1412＋540＋1457＋540 \\
&\quad ＋1502＋540＋1547＋540＋1547)\div12\div13000\times100\% \\
&= 13.89\%
\end{aligned}
$$

（3）资本金利润率

$$
\begin{aligned}
资本金利润率 &= \frac{年均税后利润额}{资本金}\times100\% \\
&= (253＋765＋795＋826＋856＋886＋916＋946＋976＋1006 \\
&\quad ＋1037＋1037)\div12\div5000\times100\% \\
&= 17.17\%
\end{aligned}
$$

2. 偿债能力分析

建设项目的投资资金可分为借入资金和自有资金。自有资金可长期使用，而借入资金必须按期偿还。项目的投资者自然要关心项目偿还能力；借出资金的所有者（即债权人）也非常关心贷出的资金能否按期收回本息。因此，偿债分析是财务分析中的一项重要内容。

（1）固定资产借款偿还分析

固定资产借款偿还分析是通过编制还本付息表进行的。固定资产借入资金的偿还一般采用两种方式，一种是规定期限，在期限内的各年等额还本付息；另一种是规定期限，在期限内的各年等额还本利息照付。在分析计算中，对长期贷款的利息一般作如下假设：当年贷款按半年计息，当年还款按全年计息。若在建设期借入资金，生产期逐期归还，则：

$$建设期贷款年利息 = \left(年初借款累计 + \frac{本年借款}{2}\right) \times 年利率 \qquad (3-32)$$

$$生产期年利息 = 年初借款累计 \times 年利率 \qquad (3-33)$$

流动资金借款及其他短期借款均按全年计息。

【例 3-11】 某项目建设期两年，建设期投资第一年贷款 1000 万元，第二年贷 2000 万元，年利率 6%，银行要求项目投资者在运营期的第 1～4 年内还清建设期投资贷款本息。流动资金贷款 500 万元，在生产期第 1 年年初贷 100 万元，第 2 年年初增加贷款 400 万元，企业与银行约定，流动资金贷款在使用期间的各年只付息不还本金，年利率 4%。求：

（1）分别用每年等额还本付息和每年等额还本利息照付两种方法编建设期投资贷款还本付息表；

（2）计算该项目的流动资金的贷款利息。

【解】 （1）建设期投资贷款偿还分析

1）每年等额还本付息方式。

项目等额还本付息表　　　　　　　　　　　　　　　表 3-7

年 份 项 目	建设期		运营期			
	1	2	3	4	5	6
年初累计借款		1030	3151.8	2431.31	1667.58	858.12
本年新增借款	1000	2000				
本年应计利息	30	121.8	189.12	145.88	100.05	51.49
本年还本付息			909.61	909.61	909.61*	909.61
其中：本金偿还			720.49	763.73	809.56	858.02
利息偿还			189.12	145.88	100.05	51.49

第一年应计利息：$1000 \times \frac{1}{2} \times 6\% = 30$ 万元

第二年应计利息：$\left(1000 + 30 + 2000 \times \frac{1}{2}\right) \times 6\% = 121.8$ 万元

第三年项目建成投产，进入运营期，在四年中需按每年等额还本付息方式还清银行贷款本息，每年还款额为：

$3151.8 \times \dfrac{6\% \ (1+6\%)^4}{(1+6\%)^4-1}=3151.8 \times 0.2886=909.61$ 万元，填入表中的本年还本付息项；

其中：还利息为 $3151.8 \times 6\%=189.12$ 万元

还本金为 $909.61-189.12=720.49$ 万元

第四年年初累计借款：$3151.8-720.49=2431.31$ 万元

应计利息：$2431.31 \times 6\%=145.88$ 万元

还本付息：909.61 万元

其中：还利息 145.88 万元

还本金为 $909.61-145.88=763.73$ 万元

第五、六年各项的算法同第四年。

2）每年等额还本利息照付方式。

项目等额还本利息照付表　　　　　　　　表 3-8

年份 项目	建设期		运营期			
	1	2	3	4	5	6
年初累计借款		1030	3151.8	2363.85	1575.9	787.95
本年新增借款	1000	2000				
本年应计利息	30	121.8	189.12	141.83	94.55	47.28
本年归还本金			787.95	787.95	787.95	787.95
本年支付利息			189.12	141.83	94.55	47.2

第一、二、三年的"本年应计利息"计算同前，第三年项目进入运营期，在四年中需按每年等额还本利息照付方式还清银行贷款本息，则每年还本额为：

$3151.8/4=787.95$ 万元，填入表 3-8 中"本年归还本金"行的运营期各年内。

第三年的"本年支付利息"等于"本年应计利息"，即为 189.12 万元。

第四年的"年初累计借款"为：$3151.8-787.95=2363.85$ 万元

第四年的"本年应计利息"、"本年支付利息"计算方法同第三年，第五、六年表中各项的计算原理与前均相同，所得结果见表 3-8 中值。

（2）流动资金贷款利息

第一年贷款利息：$100 \times 4\%=4$ 万元

第二至第六的利息均为：$(100+400) \times 4\%=20$ 万元

（2）资产负债率

$$资产负债率=\dfrac{负债总额}{资产总额} \qquad (3-34)$$

资产负债率反映项目总体偿债能力。这一比率越低，则偿债能力越强。但是资产负债率的高低还反映了项目利用负债资金的程度，因此该指标水平应适当。

（3）流动比率

$$流动比率=\dfrac{流动资产总额}{流动负债总额} \qquad (3-35)$$

该指标反映企业偿还短期债务的能力。该比率越高，单位流动负债将有更多的流动资产保证，短期偿还能力就越强。但是可能导致流动资产利用率低下，影响项目效益。因此，流动比率一般为2：1较好。

（4）速动比率

$$速动比率＝\frac{速动资产总额}{流动负债总额} \qquad (3-36)$$

其中：速动资产＝流动资产－存货

速动资产是流动资产中变现最快的部分，速动比率越高，短期偿还能力越强。同样，速动比率过高也会影响资产利用效率，进而影响企业经济效益。因此，速动比率一般为1左右较好。

3.3.3 财务评价基本报表

1. 现金流量表

现金流量表是用表格形式反映项目在计算期内各年的现金流入、流出发生的时点顺序，用以计算项目的各项静态和动态评价指标，进行项目财务盈利分析。按投资计算基础的不同，现金流量表可分为全部投资现金流量表和自有资金现金流量表。

（1）全部投资现金流量表

全部投资现金流量表不分投资来源，是站在全部投资的角度对项目现金流量系统的表格式反映。表中数字按照"年末习惯法"填写，即表中的所有数据均认为是所对应年的年末值。报表格式见表3-9。

财务现金流量表（全部投资）   表3-9

序号	项目	合计	建设期		投产期		达产期			
			1	2	3	4	5	6	...	n
	生产负荷（%）									
1	现金流入									
1.1	产品销售收入									
1.2	回收固定资产余值									
1.3	回收流动资金									
1.4	其他收入									
2	现金流出									
2.1	固定资产投资									
2.2	流动资金									
2.3	经营成本									
2.4	销售税金及附加									
2.5	所得税									
3	净现金流量（1-2）									
4	累计净现金流量									
5	所得税前净现金流量（3+2.5）									
6	所得税前累计净现金流量									

计算指标：所得税前   所得税后

             财务内部收益率 $FIRR=$ 财务内部收益率 $FIRR=$

             财务净现值 $FNPV$（$i_c=$ %）=   财务净现值 $FNPV$（$i_c=$ %）=

             投资回收期 $P_t=$ 投资回收期 $P_t=$

【例 3-12】 某拟建项目计划建设期 2 年，运营期 10 年，运营期第一年的生产能力达到设计生产能力的 80%，第二年达 100%。

建设期第一年投资 1000 万元，第二年投资 1200 万元，投资全部形成固定资产，固定资产使用寿命 12 年，残值为 400 万元，按直线折旧法计提折旧。流动资金分别在建设期第二年与运营期第一年投入 300 万元、400 万元。

运营期第一年的销售收入为 1200 万元，经营成本为 450 万元，总成本为 600 万元。第二年以后各年的销售收入均为 1600 万元，经营成本均为 550 万元，总成本均为 750 万元。产品销售税金及附加税率为 6%，所得税税率为 33%，行业基准收益率为 10%。求：

（1）计算运营期各年的所得税；

（2）编全部投资现金流量表。

【解】（1）所得税计算

所得税计算的关键是要搞清楚纳税基数的概念。所得税的纳税基数是产品销售收入减总成本再减销售税金及附加，也被称为税前利润。所得税必须按年计算，且只是在企业具有税前利润的前提下才交纳。

所得税＝（销售收入－总成本－销售税金及附加）×所得税率

所以，运营期第一年的所得税为：

$$（1200－600－1200×6\%）×33\%＝174.24≈174 \text{ 万元}$$

运营期第二年至第十年每年的所得税为：

$$（1600－750－1600×6\%）×33\%＝248.82≈249 \text{ 万元}$$

建设期两年因无收入，所以不交所得税。

（2）编全部投资现金流量表

编现金流量表要注意以下几点：

1）现金流量表的形式可参照表 3-9；

2）销售收入发生在运营期的各年；

3）回收固定资产余值发生在运营期的最后一年，填写该值时需要注意，固定资产余值并不是残值，它是固定资产原值减去已提折旧的剩余值，即：

$$固定资产余值＝固定资产原值－已提折旧$$

本例的折旧采用直线折旧法，因此：

$$年折旧额＝\frac{固定资产原值－残值}{折旧年限}$$

$$＝\frac{1000＋1200－400}{12}＝150 \text{ 万元}$$

则固定资产余值为：

$$（1000＋1200）－150×10＝700 \text{ 万元}$$

4）回收流动资金发生在运营期的最后一年，流动资金应全额回收；

5）现金流入＝销售收入＋回收固定资产余值＋回收流动资金；

6）固定资产投资发生在建设期的各年，流动资金发生在投入年，经营成本发生在运营期的各年，销售税金及附加发生在运营期的各年（销售收入×6%），所得税发生在运营期的盈利年；

7）现金流出＝固定资产投资＋流动资金＋经营成本＋销售税金及附加＋所得税；

8）净现金流量＝现金流入－现金流出。

项目全部投资现金流量表 表 3-10

序号	项目	建设期		运营期									
		1	2	3	4	5	6	7	8	9	10	11	12
	生产负荷			80%	100%	100%	100%	100%	100%	100%	100%	100%	100%
1	现金流入			1200	1600	1600	1600	1600	1600	1600	1600	1600	3000
1.1	销售收入			1200	1600	1600	1600	1600	1600	1600	1600	1600	1600
1.2	回收固定资产余值												700
1.3	回收流动资金												700
2	现金流出	1000	1500	1096	895	895	895	895	895	895	895	895	895
2.1	固定资产投资	1000	1200										
2.2	流动资金		300	400									
2.3	经营成本			450	550	550	550	550	550	550	550	550	550
2.4	销售税金及附加			72	96	96	96	96	96	96	96	96	96
2.5	所得税			174	249	249	249	249	249	249	249	249	249
3	净现金流量	－1000	－1500	104	705	705	705	705	705	705	705	705	2450

（2）自有资金现金流量表

自有资金现金流量表是站在项目投资主体角度考察项目的现金流入流出情况，报表格式见表 3-11。

从项目投资主体角度看，借款是现金流入，但又同时将借款用于投资则构成同一时点、相同数额的现金流出，二者相抵，对净现金流量的计算无影响。因此表中投资只计自有资金。另一方面，现金流入又是因项目全部投资所获得，故应将借款本金的偿还及利息支付计入现金流量。

财务现金流量表（自有资金） 表 3-11

序号	项目	合计	建设期		投产期		达产期			
			1	2	3	4	5	6	⋯	n
	生产负荷（%）									
1	现金流入									
1.1	产品销售收入									
1.2	回收固定资产余值									
1.3	回收流动资金									
1.4	其他收入									
2	现金流出									
2.1	自有资金									
2.2	借款本金偿还									
2.3	借款利息支出									
2.4	经营成本									
2.5	销售税金及附加									
2.6	所得税									
3	净现金流量（1－2）									

计算指标：财务内部收益率 $FIRR=$

财务净现值 $FNPV（i_c=\%）=$

2. 损益表

损益表反映项目计算期内各年的利润总额、所得税及税后利润的分配情况。损益表的编制以利润总额的计算过程为基础，报表格式见表 3-12。

（1）销售税金及附加指的是价内税，即在产品销售价格中已经包括了该项税，消费者在购买商品时就交了税。

（2）表中序号 4 的利润总额通常称为税前利润，这里所说的税指的是所得税。它是计算所得税的基数。

（3）表中法定盈余公积金按照税后利润扣除用于弥补损失的金额后的 10％ 提取，盈余公积金已达注册资金 50％ 时可以不再提取。公益金主要用于企业的职工集体福利设施支出，一般按税后利润扣除用于弥补损失的金额后的 5％ 提取。

（4）应付利润为应该向投资者分配的利润。

（5）未分配利润主要指向投资者分配完利润后剩余的利润，可用于偿还固定资产投资借款及弥补以前年度亏损。

损益表　　　　　　　　　　　　　　　　　表 3-12

序　号	项　　　　目	投产期		达产期			合计
	生产负荷（％）						
1	销售（营业）收入						
2	销售税金及附加						
3	总成本费用						
4	利润总额（1－2－3）						
5	所得税（33％）						
6	税后利润（4－5）						
7	弥补损失						
8	法定盈余公积金（10％）						
9	公益金（5％）						
10	应付利润						
11	未分配利润（6－7－8－9－10）						
12	累计未分配利润						

【例 3-13】　资料见例 3-12，若该企业注册资金 800 万元，盈余公积金按 10％ 提取，公益金按 5％ 提取，试编项目的损益表。

【解】　（1）销售收入按年填入；

（2）销售税金及附加＝销售收入×销售税金及附加税率，计算后按年填入；

（3）总成本按年填入；

（4）所得税计算同例 3-12，按年填入；

（5）公积金提取累计达注册资金 50％ 即 400 万元时，不再提取。

项 目 损 益 表　　　　　　　　　　　　表 3-13

序 号	项 目	投产期	达产期									合 计
		3	4	5	6	7	8	9	10	11	12	
	生产负荷	80%	100%	100%	100%	100%	100%	100%	100%	100%	100%	
1	销售收入	1200	1600	1600	1600	1600	1600	1600	1600	1600	1600	15600
2	销售税金及附加	72	96	96	96	96	96	96	96	96	96	936
3	总成本	600	750	750	750	750	750	750	750	750	750	7350
4	利润总额（1－2－3）	528	754	754	754	754	754	754	754	754	754	7314
5	所得税（33%）	174	249	249	249	249	249	249	249	249	249	2415
6	税后利润（4－5）	354	505	505	505	505	505	505	505	505	505	4899
7	计提公积金（10%）	35.4	50.5	50.5	50.5	50.5	50.5	50.5	50.5	11.1		400
8	累计计提公积金	35.4	85.9	136.4	186.9	237.4	287.9	338.4	388.9	400		400
9	计提公益金（5%）	17.7	25.25	25.25	25.25	25.25	25.25	25.25	25.25	25.25	25.25	244.95
10	应付利润（6－7－9）	300.9	429.25	429.25	429.25	429.25	429.25	429.25	429.25	468.65	479.75	4254.05

3. 资金来源与资金运用表

资金来源与资金运用表能全面反映项目资金活动全貌，反映项目计算期内各年的资金盈余或短缺情况，用于选择资金筹措方案，制定适宜的借款及偿还计划，并为编制资产负债表提供依据。报表格式见表 3-14。

资金来源与运用表　　　　　　　　　　　　表 3-14

序号	项 目	建设期		投产期		达产期			
		1	2	3	4	5	6	⋯	n
	生产负荷（%）								
1	资金来源								
1.1	利润总额								
1.2	折旧费								
1.3	摊销费								
1.4	长期借款								
1.5	流动资金借款								
1.6	短期借款								
1.7	自有资金								
1.8	其他资金								
1.9	回收固定资产余值								
1.10	回收流动资金								
2	资金运用								
2.1	固定资产投资								
2.2	建设期贷款利息								
2.3	流动资金								
2.4	所得税								
2.5	应付利润								
2.6	长期借款还本								
2.7	流动资金借款还本								
2.8	其他短期借款还本								
3(1－2)	盈余资金								
4	累计盈余资金								

4. 资产负债表

该表用以考察项目资产、负债、所有者权益的结构是否合理，进行清偿能力分析，报表格式见表 3-15。

表中的"资产＝负债＋所有者权益"

资产负债表

表 3-15

序号	项目	建设期		投产期		达产期			
		1	2	3	4	5	6	…	n
1	资产								
1.1	流动资产								
1.1.1	应收账款								
1.1.2	存货								
1.1.3	现金								
1.1.4	累计盈余资金								
1.1.5	其他流动资产								
1.2	在建工程								
1.3	固定资产								
1.3.1	原值								
1.3.2	累计折旧								
1.3.3	净值								
1.4	无形及递延资产净值								
2	负债及所有者权益								
2.1	流动负债总额								
2.1.1	应付账款								
2.1.2	流动资金借款								
2.1.3	其他流动负债								
2.2	中长期借款								
	负债小计								
2.3	所有者权益								
2.3.1	资本金								
2.3.2	资本公积金								
2.3.3	累计盈余公积金								
2.3.4	累计未分配利润								

清偿能力分析：1. 资产负债率
　　　　　　　2. 流动比率
　　　　　　　3. 速动比率

5. 外汇平衡表

财务外汇平衡表主要用于有外汇收支的项目，用以反映项目计算期内各年外汇余缺程度，进行外汇平衡分析。报表格式见表 3-16。

69

序号	项目	建设期		投产期		达产期			
		1	2	3	4	5	6	···	n
	生产负荷（%）								
1	外汇来源								
1.1	产品销售外汇收入								
1.2	外汇借款								
1.3	其他外汇收入								
2	外汇运用								
2.1	固定资产投资中外汇支出								
2.2	进口原材料								
2.3	进口零部件								
2.4	技术转让费								
2.5	偿还外汇借款本息								
2.6	其他外汇支出								
2.7	外汇余缺								

财务外汇平衡表　　　　　　　　　　表 3-16

3.4　设计概算

设计概算是在投资估算的控制下由设计单位根据初步设计图纸、概算定额（或概算指标）、各项费用定额或取费标准（指标）、建设地区自然与技术经济条件、设备与材料价格等资料，编制和确定的建设项目从筹建至竣工交付使用所需全部费用的文件。

采用两阶段设计（初步设计、施工图设计）的建设项目，初步设计阶段必须编制设计概算；采用三阶段设计（初步设计、技术设计、施工图设计）的，技术设计阶段必须编制修正概算。

经批准的建设项目设计总概算，是该项目建设投资的最高限额，是控制施工图设计和施工图预算的依据。

3.4.1　设计概算的内容

设计概算可分为单位工程概算、单项工程综合概算和建设项目总概算三级。

1. 单位工程概算

单位工程概算可分为建筑工程概算和设备及安装工程概算两大类。建筑工程概算包括土建工程概算，给水排水、采暖工程概算，通风、空调工程概算，电气、照明工程概算，弱电工程概算，特殊构筑物工程概算等；设备及安装工程概算包括机械设备及安装工程概算，电气设备及安装工程概算，热力设备及安装工程概算，工具、器具及生产家具购置费概算等。

单位工程概算是单项工程综合概算的组成部分。

2. 单项工程综合概算

单项工程综合概算是确定一个单项工程所需建设费用的文件，它是由单项工程中的各单位工程概算汇总编制而成的，是建设项目总概算的组成部分。

3. 建设项目总概算

建设项目总概算是确定整个建设项目从筹建到竣工验收所需全部费用的文件，它是由各单项工程综合概算、工程建设其他费用概算、预备费、建设期贷款利息和固定资产投资方向调节税概算汇总编制而成的，如图 3-1 所示。

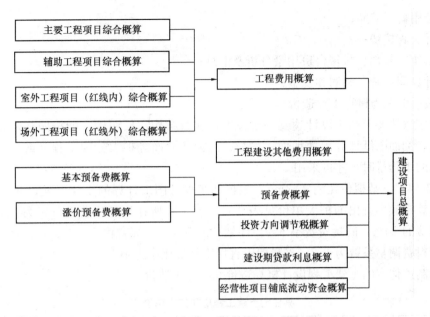

图 3-1　建设项目总概算的组成

3.4.2　设计概算的编制

1. 设计概算的编制原则与依据

（1）设计概算的编制原则

1）设计概算的编制要严格执行国家的政策和规定的设计标准；

2）设计概算的编制要完整、准确地反映设计内容；

3）设计概算的编制要坚持结合拟建工程的实际，反映工程所在地当时价格水平。

（2）设计概算的编制依据

1）国家发布的有关法律、法规、规章、规程等；

2）批准的可行性研究报告及投资估算、设计图纸等有关资料；

3）有关部门颁布的现行概算定额、概算指标、费用定额等和建设项目设计概算编制办法；

4）有关部门发布的人工、设备材料价格、造价指数等；

5）建设地区的自然、技术、经济条件等资料；

6）有关合同、协议，其他有关资料。

2. 单位工程概算的编制

单位工程概算由直接工程费、间接费、计划利润和税金组成。

单位工程概算分为建筑工程概算和设备及安装工程概算两大类。

（1）建筑工程概算的编制方法

建筑工程概算的编制方法有概算定额法、概算指标法、类似工程预算法等。

1）概算定额法

概算定额法又叫扩大单价法或扩大结构定额法，它是采用概算定额来编制建筑工程概算。其主要步骤是：

A. 计算工程量；

B. 套用概算定额；

C. 计算直接费；

D. 人工、材料、机械台班用量分析及汇总；

E. 计算间接费、利润和税金；

F. 最后汇总为概算工程造价。

概算定额法要求初步设计达到一定深度，建筑结构比较明确，能按照初步设计的平面、立面、剖面图纸计算出楼地面、墙身、门窗和屋面等扩大分项工程（或扩大结构构件）项目的工程量时，才可采用。

【例 3-14】 某拟建住宅 8000m²，根据初步设计图纸计算的土建工程量如表 3-17 所示，从概算定额中查出的扩大单价见表 3-17。若工程所在地各项费率分别为：措施费为直接工程费的 10%，间接费费率 5%，计划利润率 7%，综合税率 3.413%，且该项目建设期间材料费调整系数为 1.2（材料费占直接工程费比率为 70%）。

试编制该住宅的土建工程设计概算造价和平方米造价。

某住宅土建工程量和扩大单价 表 3-17

分部工程名称	单位	工程量	扩大单价（元）
基础工程	10m³	220	3000
混凝土及钢筋混凝土	10m³	250	7200
砌筑工程	10m³	310	3600
地面工程	100m²	50	1400
楼面工程	100m²	100	2000
卷材屋面	100m²	48	5000
门窗工程	100m²	50	6200
脚手架	100m²	200	650

【解】 根据已知条件和表 3-17 数据，求得该住宅的土建工程造价见表 3-18。

某住宅土建工程概算造价计算表 表 3-18

序号	分部工程或费用名称	单位	工程量	扩大单价（元）	合价（万元）
1	基础工程	10m³	220	3000	66
2	混凝土及钢筋混凝土	10m³	250	7200	180
3	砌筑工程	10m³	310	3600	111.6
4	地面工程	100m²	50	1400	7
5	楼面工程	100m²	100	2000	20
6	卷材屋面	100m²	48	5000	24
7	门窗工程	100m²	50	6200	31
8	脚手架	100m²	200	650	13
A	直接工程费小计	以上 1~7 项之和			439.6
B	措施费	A×10%＋13			56.96
C	间接费	(A+B) ×5%			24.83
D	利润	(A+B+C) ×7%			36.5
E	材料价差	A×70%×0.2			61.54
F	税金	(A+B+C+D+E) ×3.413%			21.14
	概算造价	A+B+C+D+E+F			640.57
	平方米造价	643.87/8000			0.08

（2）概算指标

当设计图纸较简单，无法根据图纸计算出详细的实物工程量时，可以选择恰当的概算指标来编制概算。其主要步骤：

1）根据拟建工程的具体情况，选择恰当的概算指标；

2）根据选定的概算指标计算拟建工程概算造价；

3）根据选定的概算指标计算拟建工程主要材料用量。

【例 3-15】 某地新建普通框架结构办公楼，建筑面积 3000m²，建筑工程直接工程费为 423 元/m²，其中毛石基础为 42 元/m²。现该地欲拟建一栋 3600m² 的普通框架结构办公楼，采用钢筋混凝土带形基础为 59 元/m²，其他结构相同。求拟建办公楼建筑工程直接工程费造价。

【解】 因拟建办公楼与新建成的办公楼建设时间相近，且在同一地点、结构形式相同，故不考虑两建筑的差异，采用新建办公楼的单位工程直接工程费为概算指标，估算拟建办公楼的直接工程费即可。但因两栋建筑的基础不同，需要调整。

拟建办公楼调整后的概算指标：
$$423-42+59=440 \ 元/m^2$$

拟建办公楼的建筑工程直接工程费：
$$3600m^2 \times 440 \ 元/m^2 = 1584000 \ 元$$

然后按概算定额法［例 3-14］的计算程序和方法，算出拟建办公楼的措施费、间接费、利润和税金，便可求出新建办公楼的建筑工程概算造价。

（3）类似工程预算法

类似工程预算法是利用技术条件与设计对象相类似的已完工程或在建工程的预算资料来编制拟建工程的概算。如果找不到合适的概算指标，也没有概算定额时，可以考虑采用类似的工程预算来编制设计概算。其主要编制步骤是：

1）根据设计对象的各种特征参数，选择最合适的类似工程预算；

2）根据本地区现行的各种价格和费用标准计算类似工程预算的人工费修正系数、材料费修正系数、机械费修正系数、措施费修正系数、间接费修正系数等；

3）根据类似工程预算修正系数和五项费用占预算成本的比重，计算预算成本总修正系数，并计算出修正后的类似工程平方米预算成本；

4）根据类似工程修正后的平方米预算成本和编制概算地区的利税率计算修正后的类似工程平方米造价；

5）根据拟建工程的建筑面积和修正后的类似工程平方米造价，计算拟建工程概算造价。

类似工程预算法计算公式为：
$$D = A \times K \tag{3-37}$$
$$K = a\%K_1 + b\%K_2 + c\%K_3 + d\%K_4 + e\%K_5 \tag{3-38}$$
$$拟建工程概算造价 = D \times S \tag{3-39}$$

式中　　　　　　　　D——拟建工程单方概算成本；

　　　　　　　　　　A——类似工程单方预算成本；

　　　　　　　　　　K——综合调整系数；

S——拟建工程建筑面积；

$a\%$、$b\%$、$c\%$、$d\%$、$e\%$——类似工程预算的人工费、材料费、机械台班费、措施费、间接费占预算造价的比重，如：

$$a\% = \frac{\text{类似工程人工费（或工资标准）}}{\text{类似工程预算造价}} \times 100\%;$$

$b\%$、$c\%$、$d\%$、$e\%$类同。

K_1、K_2、K_3、K_4、K_5——拟建工程地区与类似工程预算造价在人工费、材料费、机械台班费、措施费和间接费之间的差异系数。

$$\text{如：} K_1 = \frac{\text{拟建工程概算的人工费（或工资标准）}}{\text{类似工程预算人工费（或地区工资标准）}};$$

$$K_2、K_3、K_4、K_5 \text{类同。}$$

【例 3-16】 某地 2010 年拟建住宅楼，建筑面积 6500m²，编制土建工程概算时采用 2004 年建成的 6000m² 某类似住宅工程预算造价资料见表 3-19。由于拟建住宅楼与已建成的类似住宅在结构上作了调整，拟建住宅每平方米建筑面积比类似住宅工程增加直接工程费 25 元。拟建新住宅工程所在地区的利润率为 7%，综合税率为 3.413%。试求：（计算结果保留到整数）

（1）类似住宅成本造价和平方米成本造价；

（2）用类似工程预算法编制拟建新住宅的概算造价和平方米造价。

2004 年某住宅类似工程预算造价资料 　　　　　表 3-19

序号	名　称	单位	数量	2004 年单价（元）	2010 年第一季度单价（元）
1	人工	工日	37908	30	40
2	钢筋	t	245	3600	4200
3	型钢	t	147	3900	4300
4	木材	m³	220	800	1000
5	水泥	t	1221	340	370
6	砂子	m³	2863	70	100
7	石子	m³	2778	65	80
8	砖	千块	950	200	280
9	木门窗	m²	1171	380	450
10	其他材料	万元	25		调增系数 10%
11	机械台班费	万元	40		调增系数 10%
12	措施费占直接工程费比率			15%	17%
13	间接费率			16%	17%

【解】 （1）类似住宅成本造价和平方米成本造价

类似住宅人工费：37908×30＝1137240 元

类似住宅材料费：$245×3600＋147×3900＋220×800＋1221×340＋2863×70＋2778×65＋950×200＋1171×380＋250000＝3312400$ 元

类似住宅机械台班费＝400000 元

类似住宅直接工程费＝人工费＋材料费＋机械台班费
$$＝1137240＋3312400＋400000＝4849640 元$$

类似住宅措施费$＝4849640×15\%＝727446$ 元

则：

类似住宅直接费$＝4849640＋727446＝5577086$ 元

类似住宅间接费$＝5577086×16\%＝892334$ 元

类似住宅的成本造价＝直接费＋间接费
$$＝5577086＋892334＝6469420 元$$

类似住宅平方米成本造价$＝\dfrac{6469420}{6000}＝1078$ 元/m²

（2）拟建新住宅的概算造价和平方米造价

首先求出类似住宅人工、材料、机械台班、措施、间接费等占其预算成本造价的百分比。然后，求出拟建新住宅的人工费、材料费、机械台班费、措施费、间接费与类似住宅之间的差异系数。进而求出综合调整系数（K）和拟建新住宅的概算造价。

1）求类似住宅各费用占其造价的百分比：

人工费占造价百分比$＝\dfrac{1137240}{6469420}＝17.58\%$

材料费占造价百分比$＝\dfrac{3312400}{6469420}＝51.2\%$

机械台班费占造价百分比$＝\dfrac{400000}{6469420}＝6.18\%$

措施费占造价百分比$＝\dfrac{727446}{6469420}＝11.24\%$

间接费占造价百分比$＝\dfrac{892334}{6469420}＝13.79\%$

2）求拟建新住宅与类似住宅工程在各项费用上的差异系数：

人工费差异系数（K_1）$＝\dfrac{40}{30}＝1.33$

材料费差异系数（K_2）$＝(245×4200＋147×4300＋220×1000＋1221×370＋2863×100＋2778×80＋950×280＋1171×450＋250000×1.1)/3312400＝3909360/3312400＝1.18$

机械台班差异系数（K_3）$＝1.1$

措施费差异系数（K_4）$＝\dfrac{17\%}{15\%}＝1.13$

间接费差异系数（K_5）$＝\dfrac{17\%}{16\%}＝1.06$

3）求综合调价系数（K）：

$$K＝17.58\%×1.33＋51.2\%×1.18＋6.18\%×1.1＋11.24\%×1.13$$

$$+13.79\% \times 1.06 = 1.18$$

4）拟建新住宅平方米造价＝[1078×1.18＋25（1＋17%）（1＋17%）]

$$（1＋7\%）（1＋3.413\%）$$

$$＝（1272.04＋34.22）（1＋7\%）（1＋3.413\%）$$

$$＝1445 元/m^2$$

5）拟建新住宅总造价＝1445×6500＝9392500 元＝939.25 万元

（2）设备及安装工程概算的编制方法

1）设备购置费概算的编制

设备购置费是根据初步设计的设备清单计算出设备原价，并汇总求出设备总原价，然后按有关规定的设备运杂费率乘以设备总原价，两项相加即为设备购置费概算。

2）设备安装工程费概算的编制

设备安装工程费概算的编制方法是根据初步设计深度确定的，其主要编制方法有：

A. 预算单价法。当初步设计较深，有详细的设备清单时，可直接按安装工程预算定额单价来编制安装工程概算，概算编制程序基本同安装工程施工图预算。该法具有计算比较具体，精确性较高的优点。

B. 扩大单价法。当初步设计深度不够，设备清单不完备，只有主体设备或仅有成套设备重量时，可采用主体设备、成套设备的综合扩大安装单价来编制概算。

C. 设备价值百分比法（安装设备百分比法）。当初步设计深度不够，只有设备出厂价而无详细规格、重量时，安装费可按占设备费的百分比计算。其百分比值（即安装费率）由主管部门制定或由设计单位根据已完类似工程确定。该法常用于价格波动不大的定型产品和通用设备产品。公式为：

$$设备安装费＝设备原价 \times 安装费率（\%） \tag{3-40}$$

D. 综合吨位指标法。当初步设计提供的设备清单有规格和设备重量时，可采用综合吨位指标编制概算，其综合吨位指标由主管部门或由设计院根据已完类似工程资料确定。该法常用于设备价格波动较大的非标准设备和进口设备的安装工程概算。公式为：

$$设备安装费＝设备重量 \times 每吨设备安装费指标（元/t） \tag{3-41}$$

3. 单项工程概算的编制

单项工程综合概算是由该单项工程各专业的单位工程概算汇总而成的，一般包括编制说明（不编制建设项目总概算时列入）和综合概算表（含其所附的单位工程概算表和建筑材料表）两大部分。当建设项目只有一个单项工程时，单项工程综合概算即为建设项目总概算，这时的单项工程综合概算除了包括上述两大部分外，还应包括工程建设其他费、建设期贷款利息、预备费和固定资产投资方向调节税的概算。

（1）编制说明

单项工程综合概算的编制说明主要内容有：

1）编制依据。包括国家和有关部门的规定、设计文件、现行概算定额或概算指标、设备材料的预算价格和费用指标等。

2）编制方法。说明设计概算是采用概算定额法，还是采用概算指标法。

3）主要设备、材料（钢材、木材、水泥）的数量。

4）其他需要说明的有关问题。

（2）综合概算表

综合概算表是根据单项工程所辖范围内的各单位工程概算等基础资料，按照规定的统一表格进行编制。工业建设项目综合概算表由建筑工程和设备及安装工程两大部分组成；民用工程项目综合概算表只有建筑工程一项。

综合概算的费用一般应包括建筑工程费、安装工程费、设备购置费及工器具和生产家具购置费。

【例 3-17】 某铝厂电解车间工程项目综合概算见表 3-20，单位工程概算表和建筑材料表从略。

电解车间单项工程概算表

表 3-20

序号	工程或费用名称	概算价值（元）					技术经济指标		
		建筑工程费	安装工程费	设备及工器具购置费	工程建设其他费	合计	单位	数量	单位价值（元/m²）
①	②	③	④	⑤	⑥	⑦	⑧	⑨	⑩
1	建筑工程	4857914				4857914	m²	3600	1349.4
1.1	一般土建	3187475				3187475			
1.2	电解槽基础	203800				203800			
1.3	氧化铝	120000				120000			
1.4	工业炉窑	1268700				1268700			
1.5	工艺管道	25646				25646			
1.6	照明	34293				34293			
2	设备及安装工程		3843972	3188173		7032145	m²	3600	1953.4
2.1	机械设备及安装		2005995	3153609		5159604			
2.2	电解系列母线安装		1778550			1778550			
2.3	电力设备及安装		57337	30574		87911			
2.4	自控系统设备及安装		2090	3990		6080			
3	工器具和生产家具购置			47304		47304	m²	3600	13.1
4	合计	4857914	3843972	3235477		11937363			3315.9
5	占综合概算造价比例	40.7%	32.2%	27.1		100%			

4. 建设项目总概算的编制

建设项目总概算是确定整个建设项目从筹建到竣工交付使用所预计花费的全部费用的文件，是由各单项工程综合概算、工程建设其他费、建设期贷款利息、预备费、固定资产投资方向调节税和经营性项目的铺底流动资金概算所组成。

建设项目总概算文件一般应包括：封面及目录、编制说明、总概算表、工程建设其他费概算表、单项工程综合概算表、单位工程概算表、工程量计算表、分年度投资汇总表、分年度资金流量汇总表、主要材料汇总表与工日数量表等。

（1）封面、签署页及目录

封面、签署页格式见表3-21。

封面、签署页格式   表3-21

<table>
<tr><td>

建设项目设计概算文件

建设单位：_____

建设项目名称：_____

设计单位（或工程造价咨询单位）：_____

编制单位：_____

编制人（资格证号）：_____

审核人（资格证号）：_____

项目负责人：_____

总工程师：_____

单位负责人：_____

              年   月   日
</td></tr>
</table>

（2）编制说明

编制说明应包括下列内容：

1）工程概况。简述建设项目性质、特点、生产规模、建设周期、建设地点等主要情况。引进项目要说明引进内容以及与国内配套工程等主要情况；

2）资金来源及投资方式；

3）编制依据及编制原则；

4）编制方法。说明设计概算是采用概算定额法，还是采用概算指标法等；

5）投资分析。主要分析各项投资的比重、各专业投资的比重等经济指标；

6）其他需要说明的问题。

（3）总概算表

总概算表应反映静态投资和动态投资两部分。静态投资是按设计概算编制期价格、费率、利率、汇率等确定的投资；动态投资是指概算编制时期到竣工验收前因价格变化等多种因素所需的投资。

（4）工程建设其他费用概算表

工程建设其他费用概算按国家、地区或部委所规定的项目和标准确定，并按统一表格编制。

（5）单项工程综合概算表和建筑安装单位工程概算表

（6）工程量计算表和工、料数量汇总表

（7）分年度投资汇总表和分年度资金流量汇总表

分年度投资汇总表 表 3-22

序号	主项号	工程项目或费用名称	总投资（万元）		分年度投资（万元）										备注
			总计	其中外币	第一年		第二年		第三年		第四年		…		
					总计	其中外币	总计	其中外币	总计	其中外币	总计	其中外币	总计	其中外币	

编制：　　　　　　　　核对：　　　　　　　　审核：

分年度资金流量汇总表 表 3-23

序号	主项号	工程项目或费用名称	资金总供应量（万元）		分年度资金供应流量（万元）										备注
			总计	其中外币	第一年		第二年		第三年		第四年		…		
					总计	其中外币	总计	其中外币	总计	其中外币	总计	其中外币	总计	其中外币	

编制：　　　　　　　　核对：　　　　　　　　审核：

【例 3-18】　某建设项目总概算见表 3-24，其他各种表格略。

3.4.3　设计概算的审查

1. 设计概算审查的意义

（1）有利于合理分配投资资金、加强投资计划管理，有助于合理确定和有效控制工程造价。设计概算编制偏高或偏低，不仅影响工程造价的控制，也会影响投资计划的真实性，影响投资资金的合理分配。

（2）有利于促进概算编制单位严格执行国家有关概算的编制规定和费用标准，从而提高概算的编制质量。

（3）有利于促进设计的技术先进性与经济合理性。概算中的技术经济指标，是概算的综合反映，与同类工程对比，便可看出它的先进与合理程度。

（4）有利于核定建设项目的投资规模，可以使建设项目总投资力求做到准确、完整，防止任意扩大投资规模或出现漏项，从而减少投资缺口，缩小概算与预算之间的差距，避免故意压低概算投资，搞"钓鱼"项目，最后导致实际造价大幅度突破概算。

（5）经审查的概算，有利于为建设项目投资的落实提供可靠的依据。打足投资，不留缺口，有助于提高建设项目的投资效益。

2. 设计概算的审查内容

（1）审查概算的编制依据

表 3-24

某工厂建设项目总概算表

序号	主项号	工程项目或费用名称	建设规模 (t/年)	概算价值（万元）静态部分 建筑工程费用	设备购置费 需安装设备	不需安装设备	安装工程费	其他	合计	其中外币（币种）	动态部分 合计	其中外币（币种）	静态、动态合计	技术经济指标 静态指标（元/t）	动态指标（元/t）	占总投资（%）静态部分	动态部分
1		工程费用															
	1.1	主要生产工程	10000	764.08	1286.00	59.30	64.30		2173.68				2173.68				
	1.2	辅助生产工程		242.13	854.00	27.00	42.70		1165.83				1165.83				
	1.3	公共设施工程		122.65	86.00	56.00	4.30		268.95				268.95				
		小计		1128.86	2226.00	142.30	111.30		3608.46				3608.46	3608.46			
2		工程建设其他费用															
	2.1	土地征用费						75.20	75.20				75.20				
	2.2	勘察设计费						113.00	113.00				113.00				
	2.3	其他						66.00	66.00				66.00				
		小计						254.20	254.20				254.20	254.20			
3		预备费															
	3.1	基本预备费						308.00	308.00				308.00	308.00			
	3.2	造价调整预备费									354.60		354.60		354.60		
		小计						308.00	308.00		354.60		662.60				
4		投资方向调节税									67.00		67.00		67.00		
5		建设期贷款利息									324.00		324.00		324.00		
		固定资产投资合计	10000	1128.86	2226.00	142.30	111.30	562.20	4170.66		745.60		4916.26	4170.66	745.60	84.83	15.17
		铺底流动资金											500.00	500.00			
6		建设项目概算总投资											5416.26				

1）依据的合法性。设计概算采用的各种编制依据必须经过国家和授权机关的批准，符合国家的编制规定，未经批准的不能采用。不能强调情况特殊，擅自提高概算定额、指标或费用标准。

2）依据的时效性。设计概算编制的各种依据，如定额、指标、价格、取费标准等，都应根据国家有关部门的现行规定进行，注意有无调整和新的规定，如有，应按新的调整办法和规定执行。

3）依据的适用范围。各种编制依据都有规定的适用范围，如各主管部门规定的各种专业定额及其取费标准，只适用于该部门的专业工程；各地区规定的各种定额及其取费标准，只适用于该地区范围内，特别是地区的材料预算价格区域性更强，如某市有该市区的材料预算价格，同时又编制了郊区内一个矿区的材料预算价格，在编制该矿区某工程概算时，应采用该矿区的材料预算价格。

（2）审查概算的编制深度

1）审查编制说明。审查编制说明可以检查概算的编制方法、深度和编制依据等重大原则问题，若编制说明有差错，具体概算必有差错。

2）审查概算编制深度。一般大中型项目的设计概算，应有完整的编制说明和"三级概算"（即总概算表、单项工程综合概算表、单位工程概算表），并按有关规定的深度进行编制。审查其编制深度是否到位，有无随意简化的情况。

3）审查概算的编制范围。审查概算编制范围及具体内容是否与主管部门批准的建设项目范围及具体工程内容一致；审查分期建设项目的建筑范围及具体工程内容有无重复交叉，是否重复计算或漏算；审查其他费用应列的项目是否符合规定，静态投资、动态投资和经营性项目铺底流动资金是否分别列出等。

（3）审查概算的编制内容

1）审查概算的编制是否符合国家政策，是否根据工程所在地的自然条件编制。

2）审查建设规模（投资规模、生产能力等）、建设标准（用地指标、建筑标准等）、配套工程、设计定员等是否符合原批准的可行性研究报告或立项批文的标准。对总概算投资超过批准投资估算10％以上的，应查明原因，重新上报审批。

3）审查编制方法、计价依据和程序是否符合现行规定，包括定额或指标的适用范围和调整方法是否正确。进行定额或指标的补充时，要求补充定额的项目划分、内容组成、编制原则等要与现行的定额精神相一致等。

4）审查工程量是否正确。工程量的计算是否根据初步设计图纸、概算定额、工程量计算规则和施工组织设计的要求进行，有无多算、重算和漏算，尤其对工程量大、造价高的项目要重点审查。

5）审查材料用量和价格。审查主要材料（钢材、木材、水泥、砖）的用量数据是否正确，材料预算价格是否符合工程所在地的价格水平，材料价差调整是否符合现行规定及其计算是否正确等。

6）审查设备规格、数量和配置是否符合设计要求，是否与设备清单相一致，设备预算价格是否真实，设备原价和运杂费的计算是否正确，非标准设备原价的计价方法是否符合规定，进口设备的各项费用组成及计算程序、方法是否符合国家主管部门的规定。

7）审查建筑安装工程的各项费用的计取是否符合国家或地方有关部门的现行规定，

计算程序和取费标准是否正确。

8）审查综合概算、总概算的编制内容、方法是否符合现行规定和设计文件的要求，有无设计文件外项目，有无将非生产性项目以生产性项目列入。

9）审查总概算文件的组成内容是否完整地包括了建设项目从筹建到竣工投产为止的全部费用组成。

10）审查工程建设其他各项费用。这部分费用内容多、弹性大，约占项目总投资25％以上，要按国家和地区规定逐项审查，不属于总概算范围的费用项目不能列入概算，具体费率或计取标准是否按国家、行业有关部门规定计算，有无随意列项，有无多列、交叉计列和漏项等。

11）审查项目的"三废"治理。拟建项目必须同时安排"三废"（废水、废气、废渣）的治理方案和投资，对于未作安排、漏项或多算、重算的项目，要按国家有关规定核实投资，以满足"三废"排放达到国家标准。

12）审查技术经济指标。技术经济指标计算方法和程序是否正确，综合指标和单项指标与同类型工程指标相比，是偏高还是偏低，其原因是什么并予纠正。

13）审查投资经济效果。设计概算是初步设计经济效果的反映，要按照生产规模、工艺流程、产品品种和质量，从企业的投资效益和投产后的运营效益全面分析，是否达到了先进可靠、经济合理的要求。

3. 审查设计概算的方法

采用适当方法审查设计概算，是确保审查质量、提高审查效率的关键。常用方法有：

（1）对比分析法

对比分析法主要是通过建设规模、标准与立项批文对比；工程数量与设计图纸对比；综合范围、内容与编制方法、规定对比；各项取费与规定标准对比；材料、人工单价与统一信息对比；引进设备、技术投资与报价要求对比；技术经济指标与同类工程对比等等。通过以上对比，容易发现设计概算存在的主要问题和偏差。

（2）查询核实法

查询核实法是对一些关键设备和设施、重要装置、引进工程图纸不全、难以核算的较大投资进行多方查询核对，逐项落实的方法。主要设备的市场价可向设备供应部门或招标公司查询核实；重要生产装置、设施可向同类企业（工程）查询了解；引进设备价格及有关费税可向进出口公司调查落实；复杂的建筑安装工程可向同类工程的建设、承包、施工单位征求意见；深度不够或不清楚的问题直接向原概算编制人员、设计者询问清楚。

（3）联合会审法

联合会审前，可先采取多种形式分头审查，包括设计单位自审，主管、建设、承包单位初审，工程造价咨询公司评审，邀请同行专家预审，审批部门复审等，经层层审查把关后，由有关单位和专家进行联合会审。在会审大会上，由设计单位介绍概算编制情况及有关问题，各有关单位、专家汇总初审、预审意见，然后进行认真分析、讨论，结合对各专业技术方案的审查意见所产生的投资增减，逐一核实原概算出现的问题。经过充分协商，认真听取设计单位意见后，实事求是地处理和调整。

通过以上复审后，对审查中发现的问题和偏差，按照单项、单位工程的顺序，先按设备费、安装工程费、建筑工程费和工程建设其他费用分类整理；然后按照静态投资、动态投资和铺底流动资金三大类，汇总核增或核减的项目及其投资额；最后将具体审核数据，按照"原编概算"、"审核结果"、"增减投资"、"增减幅度"四栏列表，并按照原总概算表汇总顺序，将增减项目逐一列出，相应调整所属项目投资合计，再依次汇总审核后的总投资及增减投资额。对于差错较多、问题较大或不能满足要求的，责成按会审意见修改返工后，重新报批；对于无重大原则问题，深度基本满足要求，投资增减不多的，当场核定概算投资额，并提交审批部门复核后，正式下达审批概算。

3.5 施工图预算

施工图预算是施工图设计预算的简称，是由设计单位在施工图设计完成后，根据施工图设计图纸、现行预算定额、费用定额以及地区设备、材料、人工、施工机械台班等预算价格编制和确定的建筑安装工程造价的文件。

施工图预算是控制施工图设计不突破设计概算的重要措施，是编制或调整固定资产投资计划的依据。对于实行施工招标的工程，施工图预算是编制标底的依据，对于不宜实行招标而采用施工图预算加调整价结算的工程，施工图预算可作为确定合同价款的基础。

3.5.1 施工图预算的内容

施工图预算同设计概算一样，可分为单位工程施工图预算、单项工程施工图预算和建设项目总预算。

单位工程预算是根据施工图设计文件、现行预算定额、费用定额以及人工、材料、设备、机械台班等预算价格资料，以一定的方法编制的单位工程的施工图预算；然后汇总所有各单位工程施工图预算，成为单项工程施工图预算；再汇总各单项工程施工图预算便形成了建设项目的总预算。

单位工程预算包括建筑工程预算和设备安装工程预算。

建筑工程预算分为土建工程预算、室内外给水排水工程预算、采暖通风工程预算、燃气工程预算、电气照明工程预算、弱电工程预算、特殊构筑物（如炉窑、烟囱、水塔等）工程预算和工业管道工程预算。

设备安装工程预算可分为机械设备安装工程预算、电气设备安装工程预算和热力设备安装工程预算等。

3.5.2 建筑工程施工图预算的编制

1. 施工图预算编制依据

（1）施工图纸及说明书和标准图集

（2）现行预算定额及单位估价表

（3）施工组织设计或施工方案

（4）材料、人工、机械台班预算价格及调价规定

（5）建筑安装工程费用定额

（6）建设现场的自然与施工条件

2. 施工图预算的编制方法

（1）工料机单价法

工料机单价法是根据施工图和预算定额，先算出分项工程量，然后乘以对应的定额基

价（包含人工费、材料费、机械费三项），求出各分项工程的直接工程费，将各分项工程直接工程费汇总为单位工程直接工程费，再求出措施费、间接费、利润、税金，最后汇总成施工图预算造价。

工料单价法是目前施工图预算中采用较为普遍的方法。

（2）综合单价法

由第二章第二节我们知道，建筑工程费用的细分组成是：人工费、材料费、机械费、措施费、规费、管理费、利润、税金。我国许多地区定额的基价均为人工、材料、机械单价三者的和，但也有些地区定额的基价却不是人、材、机之和，如深圳市定额的基价就是人工、材料、机械、管理费、利润五者之和。这种非人、材、机三者之和的定额基价，我们统称为综合单价，综合单价法就是根据综合单价为基价编制施工图预算的一种方法。

综合单价法编制预算的思路为：先算出分项工程量，然后乘以定额中对应的综合单价并汇总，再求出综合单价中没有包括的费用项目（如深圳市需求措施费、规费、税金等），最后汇总成施工图预算造价。

3.5.3 施工图预算的审查

1. 施工图预算审查的意义

（1）有利于控制工程造价，防止预算超概算

（2）有利于加强固定资产投资管理，节约建设资金

（3）有利于施工承包合同价的合理确定和控制

（4）有利于积累和分析各项技术经济指标

2. 施工图预算审查的内容

（1）工程量

1）土方工程

A. 平整场地、挖地槽、挖地坑、挖土方工程量的计算是否符合现行定额计算规定和施工图纸标注尺寸，土壤类别是否与勘察资料一致，地槽与地坑放坡、挡土板是否符合设计要求，有无重算和漏算。

B. 回填土工程量计算是否扣除了基础所占体积，地面和室内填土的厚度是否符合设计要求。

C. 运土方的审查除了注意运土距离外，还要注意运土数量是否扣除了就地回填的土方。

2）打桩工程

A. 注意审查各种不同桩料，必须分别计算，施工方法必须符合设计要求。

B. 桩料长度必须符合设计要求，桩料长度如果超过一般桩料长度需要接桩时，注意审查接头数是否正确。

3）砖石工程

A. 墙基和墙身的划分是否符合规定。

B. 按规定不同厚度的内、外墙是否分别计算，应扣除的门窗洞口及埋入墙体各种钢筋混凝土梁、柱等是否已经扣除。

C. 不同砂浆标号的墙和定额规定按立方米或按平方米计算的墙，有无混淆、错算或漏算。

4）混凝土及钢筋混凝土工程

A. 现浇与预制构件是否分别计算，有无混淆。

B. 现浇柱与梁、主梁与次梁及各种构件计算是否符合规定，有无重算或漏算。

C. 有筋与无筋构件是否按设计规定分别计算，有无混淆。

D. 钢筋混凝土的含钢量与预算定额的含钢量发生差异时，是否按规定予以增减调整。

5）木结构工程

A. 门窗是否分别按不同种类门、窗洞口面积计算。

B. 木装修的工程量是否按规定分别以延长米或平方米计算。

6）楼地面工程

A. 楼梯抹面是否按踏步和休息平台部分的水平投影面积计算。

B. 细石混凝土地面找平层的设计厚度与定额厚度不同时，是否按其厚度进行换算。

7）屋面工程

A. 卷材屋面工程是否与屋面找平层工程量相等。

B. 屋面保温层的工程量是否按屋面层的建筑面积乘以保温层平均厚度计算，不做保温层的挑檐部分是否按规定不作计算。

8）构筑物工程

当烟囱和水塔定额是以座编制时，地下部分已包括在定额内，按规定不能再另行计算。审查是否符合要求，有无重算。

9）装饰工程

内墙抹灰的工程量是否按墙面的净高和净宽计算，有无重算或漏算。

10）金属构件制作工程

金属构件制作工程量多数以吨为单位。在计算时，型钢按图示尺寸求出长度，再乘以每米的重量；钢板要求算出面积再乘以每平方米的重量。审查是否符合规定。

11）水暖工程

A. 室内外排水管道、供暖管道的划分是否符合规定。

B. 各种管道的长度、口径是否按设计规定计算。

C. 室内给水管道不应扣除阀门、接头零件所占的长度，但应扣除卫生设备（浴盆、卫生盆、冲洗水箱、淋浴器等）本身所附带的管道长度，审查是否符合要求，有无重算。

D. 室内排水工程采用承插铸铁管，不应扣除异形管及检查口所占长度。审查是否符合要求，有无漏算。

E. 室外排水管道是否已扣除了检查井所占的长度。

F. 散热器的数量是否与设计一致。

12）电气照明工程

A. 灯具的种类、型号、数量是否与设计图一致。

B. 线路的敷设方法、线材品种等，是否达到设计标准，工程量计算是否正确。

13）设备及其安装工程

A. 设备的种类、规格、数量是否与设计相符，工程量计算是否正确。

B. 需要安装的设备和不需要安装的设备是否分清，是否将不需安装的设备作为安装的设备计算安装工程费用。

（2）审查设备、材料的预算价格

1）审查设备、材料的预算价格是否符合工程所在地的真实价格及价格水平。若是采用市场价，要核实其真实性、可靠性；若是采用有权部门公布的信息价，要注意信息价的时间、地点是否符合要求，是否要按规定调整。

2）设备、材料的原价确定方法是否正确。非标准设备原价的计价依据、方法是否正确、合理。

3）设备的运杂费率及其运杂费的计算是否正确，材料预算价格的各项费用的计算是否符合规定、正确。

（3）审查预算单价的套用

1）预算中所列各分项工程预算单价是否与现行预算定额的预算单价相符，其名称、规格、计量单位和所包括的工程内容是否与单位估价表一致。

2）审查换算的单价，首先要审查换算的分项工程是否是定额中允许换算的，其次审查换算是否正确。

3）审查补充定额和单位估价表的编制是否符合编制原则，单位估价表计算是否正确。

（4）审查有关费用项目及其计取

1）措施费及间接费的计取基础是否符合现行规定，有无不能作为计费基础的费用被列入了计费的基础。

2）预算外调增的材料差价是否计取了间接费。直接费或人工费增减后，有关费用是否相应作了调整。

3）有无巧立名目，乱计费、乱摊费用现象。

3. 施工图预算审查的方法

（1）全面审查法

全面审查又叫逐项审查法，就是按预算定额顺序或施工的先后顺序，逐一地全部进行审查的方法。其具体计算方法和审查过程与编制施工图预算基本相同。此方法的优点是全面、细致，经审查的工程预算差错比较少，质量比较高。缺点是工作量大。对于一些工程量比较小、工艺比较简单的工程，编制工程预算的技术力量又比较薄弱，可采用全面审查法。

（2）标准预算审查法

对于利用标准图纸或通用图纸施工的工程，先集中力量，编制标准预算，以此为标准审查预算的方法。按标准图纸设计或通用图纸施工的工程一般上部结构和做法相同，可集中力量细审一份预算或编制一份预算，作为这种标准图纸的标准预算，或用这种标准图纸的工程量为标准，对照审查，而对局部不同的部分作单独审查即可。这种方法的优点是时间短、效果好、好定案；缺点是只适应按标准图纸设计的工程，适用范围小。

（3）分组计算审查法

分组计算审查法是一种加快审查工程量速度的方法，具体做法是把预算中的项目划分为若干组，并把相邻且有一定内在联系的项目编为一组，审查或计算同一组中某个分项工程量，利用工程量间具有相同或相似计算基础的关系，判断同组中其他几个分项工程量计算的准确程度的方法。

（4）对比审查法

对比审查法是用已建成工程的预算或虽未建成但已审查修正的工程预算对比审查拟建的类似工程预算的一种方法。

（5）筛选审查法

建筑工程虽然有建筑面积和高度的不同，但是它们的各个分部分项工程的工程量、造价、用工量在每个单位面积上的数值变化不大，我们把这些数据加以汇集、优选、归纳为工程量、造价、用工三个单方基本值表，并注明其适用的建筑标准。这些基本值犹如"筛子孔"，用来筛选各分部分项工程，筛下去的就不审查了，没有筛下去的就意味着此分部分项的单位建筑面积数值不在基本值范围之内，应对该分部分项工程详细审查。当所审查的预算的建筑面积标准与"基本值"所适用的标准不同，就要对其进行调整。

筛选法的优点是简单易懂，便于掌握，审查速度和发现问题快，但解决差错分析其原因需继续审查，该法可用于住宅工程或不具备全面审查条件的工程。

（6）重点抽查法

此法是抓住工程预算中的重点进行审查的方法。审查的重点一般是：工程量大或造价较高、工程结构复杂的工程，补充单位估价表，计取各项费用（计费基础、取费标准等）。

重点抽查法的优点是重点突出，审查时间短、效果好。

（7）利用手册审查法

此法是把工程中常用的构件、配件事先整理成预算手册，按手册对照审查的方法。如工程常用的预制构配件：洗池、大便台、检查井、化粪池、碗柜等，几乎每个工程都有，把这些按标准图集计算出工程量，套上单价，编制成预算手册使用，可大大简化预结算的编审工作。

（8）分解对比审查法

一个单位工程，按直接费与间接费进行分解，然后再把直接费按工种和分部工程进行分解，分别与审定的标准预算进行对比分析的方法，叫分解对比审查法。

分解对比审查法一般有三个步骤：

第一步，全面审查某种建筑的定型标准施工图或复用施工图的工程预算，经审定后作为审查其他类似工程预算的对比基础。将审定预算按直接费与应取费用分解成两部分，再把直接费分解为各工种工程和分部工程预算，分别计算出他们的每平方米预算价格。

第二步，把拟审的工程预算与同类型预算单方造价进行对比，若出入在 $1\%\sim3\%$ 以内（根据本地区要求），再按分部分项工程进行分解，边分解边对比，对出入较大者，就进一步审查。

第三步，对比审查。其方法是：

①经分析对比，如发现应取费用相差较大，应考虑建设项目的投资来源和工程类别及取费项目和取费标准是否符合现行规定；材料调价相差较大，则应进一步审查材料调价统计表，将各种调价材料的用量、单位差价及其调增数量等进行对比。

②经过分解对比，如发现土建工程预算价格出入较大，首先审查其土方和基础工程，因为 ±0.000 以下的工程往往相差较大。再对比其余各个分部工程，发现某一分部工程预算价格相差较大时，再进一步对比各分项工程或工程细目。在对比时，先检查所列工程细目是否正确，预算价格是否一致。发现相差较大者，再进一步审查所套预算单价，最后审查该项工程细目的工程量。

4. 施工图预算审查的步骤

（1）做好审查前的准备工作

1）熟悉施工图纸；

2）了解预算包括的范围；

3）弄清预算采用的单位估价表。

（2）选择合适的审查方法，按相应内容审查

由于工程规模、繁简程度不同，施工方法和施工企业情况不一样，所编工程预算的质量也不同，因此，需选择适当的审查方法进行审查。综合整理审查资料，并与编制单位交换意见，定案后编制调整预算。审查后，需要进行增加或核减的，经与编制单位协商，统一意见后，进行相应的修正。

综合案例分析1

1. 背景资料

某公司拟建一年生产能力40万t的生产性项目以生产A产品。与其同类型的某已建项目年生产能力20万t，设备投资额为400万元，经测算设备投资的综合调价系数为1.2。该已建项目中建筑工程、安装工程及其他工程费用占设备投资的百分比分别为60%、30%、6%，相应的综合调价系数为1.2、1.1、1.05，生产能力指数为0.5。

拟建项目计划建设期2年，运营期10年，运营期第一年的生产能力达到设计生产能力的80%、第二年达100%。

项目建设期第一年投入静态投资的40%（其中贷款200万元），第二年投入静态投资的60%（其中贷款300万元），建设期间不考虑价格上涨因素，无固定资产投资方向调节税。建设投资全部形成固定资产，固定资产使用寿命12年，残值100万元，按直线折旧法计提折旧。流动资金分别在建设期第二年与运营期第一年投入100万元、250万元（全部为银行贷款）。项目建设资金贷款年利率6%（按年计息），贷款合同规定的还款方式为：投产后的前4年等额本金偿还。流动资金贷款年利率4%（按年计息）。

项目运营期第一年的销售收入为600万元，经营成本为250万元，总成本为330万元。第二年以后各年的销售收入均为800万元，经营成本均为300万元，总成本均为410万元。产品销售税金及附加税率为6%，所得税税率为33%，行业基准收益率为10%、平均投资利润率12%，平均投资利税率17%。

2. 问题

（1）估算拟建项目的设备投资额。

（2）估算拟建项目固定资产静态投资。

（3）计算贷款利息，编制项目建设资金贷款还本付息表。

（4）计算运营期各年的所得税。

（5）编制项目全部投资现金流量表。

（6）计算项目的静态投资回收期与动态投资回收期。

（7）计算项目的财务净现值。

（8）计算项目的财务内部收益率。

（9）编制项目损益表。

（10）计算项目的投资利润率、投资利税率、资本金利润率。

（11）根据计算出的评价指标，分析拟建项目的可行性。

（注：计算结果均按四舍五入原则保留至整数）

3. 主要知识点

（1）生产能力指数估算法的概念及公式运用。

（2）静态投资的概念与设备系数估算法的运用。

（3）还本付息表的编制。

（4）固定资产余值的概念与所得税的计算。

（5）全部投资现金流量表的编制。

（6）损益表的编制。

（7）投资利润率、投资利税率、资本金利润率的概念与计算。

（8）从财务角度评价拟建项目的可行性。

4. 分析思路与参考答案

（1）问题 1

生产能力指数法是根据已建成的、性质类似的建设项目或生产装置的投资额和生产能力及拟建项目或生产装置的生产能力估算拟建项目的投资额。该方法既可用于估算整个项目的静态投资，也可用于估算静态投资中的设备投资。本题是用于估算设备投资，其基本算式为：

$$C_2 = C_1 \left(\frac{Q_2}{Q_1}\right)^n f$$

式中　C_1——已建类似项目或生产装置的投资额；

　　　C_2——拟建项目或生产装置的投资额；

　　　Q_1——已建类似项目或生产装置的生产能力；

　　　Q_2——拟建项目或生产装置的生产能力；

　　　n——生产能力指数；

　　　f——考虑已建项目与拟建项目因建设时期、建设地点不同引起的费用变化而设的综合调整系数。

根据背景资料知：

　　　　$C_1 = 400$ 万元；$Q_1 = 20$ 万 t；$Q_2 = 40$ 万 t；$n = 0.5$；$f = 1.2$

则拟建项目的设备投资估算值为：

$$C_2 = 400 \times \left(\frac{40}{20}\right)^{0.5} \times 1.2 = 679 \text{ 万元}$$

（2）问题 2

固定资产静态投资的估算方法有很多种，但从本案例所给的背景条件分析，这里只能采用设备系数法进行估算。设备系数法的计算公式为：

$$C = E(f + f_1 P_1 + f_2 P_2 + f_3 P_3 + \cdots) + I$$

式中　　　　C——拟建项目的静态投资；

　　　　　　E——根据拟建项目的设备清单按已建项目当时的价格计算的设备费；

P_1、P_2、P_3……——已建项目中建筑、安装及其他工程费用等占设备费的百分比；

f、f_1、f_2、f_3……——因时间因素引起的定额、价格、费用标准等变化的综合调整系数；

I——拟建项目的其他费用。

根据背景资料知：

$$E = 400 \times \left(\frac{40}{20}\right)^{0.5} = 566 \text{万元}；f = 1.2；f_1 = 1.2；f_2 = 1.1；$$

$$f_3 = 1.05；P_1 = 60\%；P_2 = 30\%；P_3 = 6\%；I = 0$$

所以，拟建项目静态投资的估算值为：

$$566 \times (1.2 + 1.2 \times 60\% + 1.1 \times 30\% + 1.05 \times 6\%) = 1308 \text{万元}$$

（3）问题3

本案例的贷款分为建设资金贷款与流动资金贷款两部分。

1）建设资金贷款利息计算

建设资金贷款利息指的是项目从动工兴建起至建成投产为止这段时间内，用于项目建设而贷款所产生的利息。在计算利息时，要注意贷款均是按年度均衡发放考虑的，因此贷款利息的计算为：

第一年贷款利息 $= 200 \times \frac{1}{2} \times 6\% = 6$ 万元

第二年贷款利息 $= \left(200 + 6 + 300 \times \frac{1}{2}\right) \times 6\% = 21$ 万元

2）流动资金贷款利息计算

流动资金是企业的周转资金，企业流动资金贷款的一般做法是：年初一次性全额贷出，年末还清本年贷款产生的利息，本金保留在企业里继续周转，直到项目运营期结束才全额还清银行流动资金贷款的本金。因此贷款利息的计算为：

建设期第二年贷入 100 万元，利息：$100 \times 4\% = 4$ 万元

运营期第一年又贷入 250 万元，加上上一年的贷款 100 万元，共 350 万元，利息：$350 \times 4\% = 14$ 万元

3）建设资金贷款还本付息表编制

因贷款合同规定的还款方式是投产后的前 4 年等额本金偿还，因此采用每年等额还本利息照付方式编制建设资金贷款还本付息表，见表 3-25。

项目等额还本利息照付表　　　　　　　　　　　　　　　　表 3-25

年份　　　项目	建设期		运营期			
	1	2	3	4	5	6
年初累计借款		206	527	395	263	132
本年新增借款	200	300				
本年应计利息	6	21	32	24	16	8
本年归还本金			132	132	132	132
本年支付利息			32	24	16	8

表 3-25 中的"本年归还本金"项计算：$\frac{527}{4} = 132$ 万元

（4）问题 4

计算所得税的关键是要搞清楚纳税基数的概念。所得税的纳税基数是产品销售收入减总成本再减销售税金及附加，也被称为税前利润。所得税必须按年计算，且只是在企业具有税前利润的前提下才交纳。

$$所得税 = （销售收入 - 总成本 - 销售税金及附加）\times 所得税率$$

所以，运营期第一年的所得税为：

$$（600 - 330 - 600 \times 6\%）\times 33\% = 77 万元$$

运营期第二年至第十年每年的所得税为：

$$（800 - 410 - 800 \times 6\%）\times 33\% = 113 万元$$

建设期两年因无收入，所以不交所得税。

（5）问题五

项目全部投资现金流量表的形式可参照表 3-9，编制全部投资现金流量表时要注意以下几点：

1）销售收入发生在运营期的各年。

2）回收固定资产余值发生在运营期的最后一年。填写该值时需要注意，固定资产余值并不是残值，它是固定资产原值减去已提折旧的剩余值，即：

$$固定资产余值 = 固定资产原值 - 已提折旧$$

本案例的折旧采用直线折旧法，因此：

$$年折旧额 = \frac{固定资产原值 - 残值}{折旧年限}$$

$$= \frac{529 + 806 - 100}{12} = 103 万元$$

则固定资产余值为：

$$（529 + 806）- 103 \times 10 = 305 万元$$

3）回收流动资金发生在运营期的最后一年，流动资金应全额回收。

4）现金流入 = 销售收入 + 回收固定资产余值 + 回收流动资金

5）固定资产投资发生在建设期的各年。

固定资产投资 = 固定资产静态投资 + 涨价预备费 + 建设资金贷款利息 + 固定资产投资方向调节税

因本案例不考虑涨价预备费，无固定资产投资方向调节税，因此固定资产投资额为：

建设期第一年末：$1308 \times 40\% + 6 = 529$ 万元

建设期第二年末：$1308 \times 60\% + 21 = 806$ 万元

6）流动资金发生在投入年。

7）经营成本发生在运营期的各年。

8）销售税金及附加发生在运营期的各年，等于销售收入乘以 6%。

9）所得税发生在运营期的盈利年。

10）现金流出 = 固定资产投资 + 流动资金 + 经营成本 + 销售税金及附加 + 所得税

11）净现金流量 = 现金流入 - 现金流出

本项目全部投资现金流量表见表 3-26。

项目全部投资现金流量表 表 3-26

序号	项目	建设期		运营期									
		1	2	3	4	5	6	7	8	9	10	11	12
	生产负荷			80%	100%	100%	100%	100%	100%	100%	100%	100%	100%
1	现金流入			600	800	800	800	800	800	800	800	800	1455
1.1	销售收入			600	800	800	800	800	800	800	800	800	800
1.2	回收固定资产余值												305
1.3	回收流动资金												350
2	现金流出	529	900	613	461	461	461	461	461	461	461	461	461
2.1	固定资产投资	529	806										
2.2	流动资金		100	250									
2.3	经营成本			250	300	300	300	300	300	300	300	300	300
2.4	销售税金及附加			36	48	48	48	48	48	48	48	48	48
2.5	所得税			77	113	113	113	113	113	113	113	113	113
3	净现金流量（1—2）	−529	−906	−13	339	339	339	339	339	339	339	339	994

（6）问题六

在计算投资回收期时，主要是用现金流量表中的净现金流量，只不过计算静态投资回收期时不考虑资金的时间价值，而计算动态投资回收期时需要考虑资金的时间价值。

1）静态投资回收期

计算静态投资回收期时，需要用"现金流量表"中的净现金流量构造一个具有累计净现金流量的表，见表 3-27：

静态投资回收期计算表 表 3-27

1	年	1	2	3	4	5	6	7	8	9	10	11	12
2	净现金流量	−529	−906	−13	339	339	339	339	339	339	339	339	994
3	累计净现金流量	−529	−1435	−1448	−1109	−770	−431	−92	247				

从表 3-27 找出累计净现金流量由负值变为正值的年份，如表 3-27 中的第 7 年为 −92 万元，第 8 年则为 247 万元。显然静态投资回期在第 7 年与第 8 年之间，这时可用插入法求得具体的数值。静态投资回期的计算公式为：

（累计净现金流量开始出现正值年份−1）$+\dfrac{\text{上年累计净现金流量的绝对值}}{\text{当年净现金流量}}$

本案例的静态投资回期为：

$$(8-1)+\frac{92}{339}=7.27 \text{ 年}$$

2）动态投资回收期

计算动态投资回收期时，需要用"现金流量表"中的净现金流量构造一个具有折现净现金流量和累计折现净现金流量的表。均按基准收益率进行折现，将发生在各年的净现金流量折至第 0 年。见表 3-28：

1	年	1	2	3	4	5	6	7	8	9	10	11	12
2	净现金流量	−529	−906	−13	339	339	339	339	339	339	339	339	994
3	折现净现金流量（$i_c=10\%$）	−481	−785	−10	232	210	191	174	158	144	131	119	317
4	累计折现净现金流量	−481	−1266	−1276	−1044	−834	−643	−469	−311	−167	−36	83	400

从表 3-28 找出累计折现净现金流量由负值变为正值的年份，如表 3-28 中的第 10 年为 −36 万元，第 11 年则为 83 万元。显然动态投资回收期在第 10 年与第 11 年之间，模仿静态投资回收期的求法，用插入法求出具体的数值：

$$(11-1) + \frac{36}{119} = 10.3 \text{ 年}$$

（7）问题七

财务净现值（$FNPV$）实际是将发生在"现金流量表"中各年的净现金流量按基准收益率折到第零年的代数和，也就是表 3-28 中累计折现净现金流量对应于第 12 年的值。即：

$$\text{财务净现值 } FNPV = 400 \text{ 万元}$$

（8）问题八

财务内部收益率（$FIRR$）是指按"现金流量表"中各年的净现金流量，求净现值为零时对应的折现率。财务内部收益率的求解通过三步实现。

1）列算式

算式实际上是求财务净现值 $FNPV$ 的表达式，是根据"现金流量表"中净现金流量"行"的数值，设财务内部收益率 $FIRR=x$ 来列。本案例的算式为：

$$FNPV = -\frac{559}{(1+x)^1} - \frac{906}{(1+x)^2} - \frac{13}{(1+x)^3} + 339 \times \frac{(1+x)^8-1}{x} \times \frac{1}{(1+x)^{12}}$$
$$+ 994 \times \frac{1}{(1+x)^{12}} = 0$$

$$(3\text{-}42)$$

2）试算

试算是任设一个 x 值，代入式（3-42）中，观察求出的 $FNPV$ 是大于零还是小于零。若大于零，表明所设的 x 值小了，可以再设一个大一些的 x 值；若小于零则表明 x 值设大了。

设 $x=12\%$，代入式（3-42）中，得：
$$FNPV_{12\%} \approx 95$$
再设 $x=13\%$，代入式（3-42）中，得：
$$FNPV_{13\%} \approx 12$$
再设 $x=14\%$，代入式（3-42）中，得：
$$FNPV_{14\%} \approx -59$$
显然，要求的财务内部收益率 $FIRR$ 在 13% 与 14% 之间。

3）插入

通过 $FNPV_{13\%} \approx 12$ 与 $FNPV_{14\%} \approx -59$，在 13% 与 14% 之间用插入法求解财务内部

收益率（FIRR）。

$$FIRR = 13\% + \frac{12}{12-(-59)}(14\%-13\%) = 13.17\%$$

（9）问题九

项目损益表的形式可参照表3-12，编制项目损益表时要注意两点：

1）公积金按税后利润的10%计提；

2）公益金按税后利润的5%计提。

本案例的损益表编制见表3-29。

项目损益表

表3-29

序号	项　　目	投产期	达产期										合计
		3	4	5	6	7	8	9	10	11	12	
	生产负荷	80%	100%	100%	100%	100%	100%	100%	100%	100%	100%	
1	销售收入	600	800	800	800	800	800	800	800	800	800	7800
2	销售税金及附加	36	48	48	48	48	48	48	48	48	48	468
3	总成本	330	410	410	410	410	410	410	410	410	410	4020
4	利润总额（1−2−3）	234	342	342	342	342	342	342	342	342	342	3312
5	所得税（33%）	77	113	113	113	113	113	113	113	113	113	1094
6	税后利润（4−5）	157	229	229	229	229	229	229	229	229	229	2218
7	计提公积金（10%）	16	23	23	23	23	23	23	23	23	23	223
8	累计计提公积金	16	39	62	85	108	131	154	177	200	223	223
9	计提公益金（5%）	8	11	11	11	11	11	11	11	11	11	107
10	应付利润（6−7−9）	133	179	179	179	179	179	179	179	179	179	1744

（10）问题十

$$投资利润率 = \frac{年均利润总额}{投资总额} \times 100\% = \frac{3312/10}{529+806+100+250} \times 100\% = 20\%$$

$$投资利税率 = \frac{年均利润总额+年均销售税金及附加}{投资总额} \times 100\%$$

$$= \frac{(3312+468)/10}{529+806+100+250} \times 100\% = 22\%$$

$$资本金利润率 = \frac{年均税后利润额}{资本金} \times 100\% = \frac{2218/10}{1308-500} \times 100\% = 27\%$$

（11）问题十一

计算出的评价指标共有七个：静态投资回收期、动态投资回收期、财务净现值、内部收益率、投资利润率、投资利税率、资本金利润率。

因为：财务净现值大于零，所以项目可行；

内部收益率13.17%大于行业基准收益率10%，所以项目可行；

投资利润率20%大于行业平均投资利润率12%，所以项目可行；

投资利税率22%大于行业平均投资利润率17%，所以项目可行。

因为背景资料没给基准回收期和基准资本金利润率，所以无法从静态投资回收期、动态投资回收期和资本金利润率角度对项目进行评价。

综合案例分析 2

1. 背景资料

某综合楼工程建筑面积 1360m²，根据初步设计图纸计算出的土建单位工程各扩大分项工程的工程量清单和由概算定额查出的扩大单价见表 3-30。

工程量及单价表   表 3-30

定额号	扩大分项工程名称	单位	工程量	扩大单价（元）
3-1	土方及砖基础	10m³	1.96	1614.16
3-27	砖外墙	100m²	2.184	4035.03
3-29	砖内墙	100m²	2.292	4885.22
4-21	土方及无筋混凝土带基	m³	206.024	559.24
4-24	混凝土满堂基础	m³	169.47	542.74
4-26	混凝土设备基础	m³	1.58	382.7
4-33	现浇混凝土矩形梁	m³	37.86	786.86
4-38	现浇混凝土墙	m³	470.12	670.74
4-40	现浇混凝土有梁板	m³	134.82	786.86
4-44	现浇整体楼梯	10m²	4.44	1310.26
5-42	铝合金地弹门	樘	2	1725.69
5-45	铝合金推拉窗	樘	15	653.54
7-23	双面夹板门	樘	18	314.36
8-81	防滑砖地面	100m²	2.72	9920.94
8-82	防滑砖楼面	100m²	10.88	8935.81
8-83	防滑砖楼梯	100m²	0.444	10064.39
9-23	珍珠岩找坡保温层	10m³	2.72	3634.34
9-70	二毡三油一砂防水层	100m²	2.72	5428.8

工程所在地现行费用定额规定：零星工程费为清单费用的 8%，措施费为直接工程费的 10%，间接费率 12%，利润率 5%，综合税率 3.41%。根据统计资料，同类工程各专业单位工程造价占单项工程的比例为：土建 40%、采暖 1.4%、通风空调 13.5%、电气 2.5%、给水排水 1%、设备购置 38%、设备安装 3%、工器具 0.5%。

2. 问题

（1）编制综合楼土建单位工程概算。

（2）编制综合楼单项工程综合概算。

3. 主要知识点

（1）用概算定额法编制概算文件的程序。

（2）直接工程费、措施费、直接费的概念与计算。

（3）间接费、利润、税金的概念与计算。

（4）工程含税造价的概念。

4. 分析思路与参考答案

（1）问题 1

根据背景资料，该综合楼的土建单位工程概算可采用概算定额法编制，具体编制程序是：根据扩大初步图纸与概算定额计算出扩大分项工程量→套用概算定额的扩大单价计算出工程量清单费用→考虑零星工程费用计算直接工程费→根据计算出的直接工程费与相关费率计算其他各项费用→汇总出总造价。

因为背景资料表 3-30 给出了扩大分项工程量和扩大单价，所以可直接计算清单费用，计算结果见表 3-31。

概算编制过程中需注意以下几点：

1）直接工程费＝工程量清单费用＋零星工程费用

2）零星工程费用＝工程量清单费用×零星工程费率

3）措施费＝直接工程费×措施费率

4）直接费＝直接工程费＋措施费

5）间接费＝直接费×间接费率

6）利润＝（直接费＋间接费）×利润率

7）税金＝（直接费＋间接费＋利润）×税率

综合楼土建单位工程工程量清单费用计算见表 3-31。

综合楼土建单位工程工程量清单费用 表 3-31

定额号	扩大分项工程名称	单位	工程量	清单费用（元）	
				扩大单价	合价
3-1	土方及砖基础	10m³	1.96	1614.16	3163.75
3-27	砖外墙	100m²	2.184	4035.03	8812.5
3-29	砖内墙	100m²	2.292	4885.22	11196.92
4-21	土方及无筋混凝土带基	m³	206.024	559.24	115216.86
4-24	混凝土满堂基础	m³	169.47	542.74	91978.14
4-26	混凝土设备基础	m³	1.58	382.7	604.66
4-33	现浇混凝土矩形梁	m³	37.86	786.86	36062.03
4-38	现浇混凝土墙	m³	470.12	670.74	315328.29
4-40	现浇混凝土有梁板	m³	134.82	786.86	106084.47
4-44	现浇整体楼梯	10m²	4.44	1310.26	5817.55
5-42	铝合金地弹门	樘	2	1725.69	3451.38
5-45	铝合金推拉窗	樘	15	653.54	9803.1
7-23	双面夹板门	樘	18	314.36	5658.48
8-81	防滑砖地面	100m²	2.72	9920.94	26984.96
8-82	防滑砖楼面	100m²	10.88	8935.81	97221.61
8-83	防滑砖楼梯	100m²	0.444	10064.39	4468.59
9-23	珍珠岩找坡保温层	10m³	2.72	3634.34	9885.4
9-70	二毡三油一砂防水层	100m²	2.72	5428.8	14766.33
	工程量清单费用合计				866505.02

直接工程费＝866505.02＋866505.02×8％＝935825.42元

措施费＝935825.42×10％＝93582.54元

直接费＝935825.42＋93582.54＝1029407.96元

间接费＝1029407.96×12％＝123528.96元

利润＝(1029407.96＋123528.96)×5％＝57646.85元

税金＝(1029407.96＋123528.96＋57646.85)×3.41％＝41280.91元

综合楼土建单位工程概算造价＝1029407.96＋123528.96＋57646.85＋41280.91

＝1251864.68元

(2)问题2

由同类工程各专业单位工程造价占单项工程造价的比例知：

综合楼单项工程概算造价＝综合楼土建单位工程概算造价/40％

＝1251864.68/40％＝3129661.69元

由背景资料所给的各专业单位工程造价占单项工程造价的比例，分别计算出各单位工程概算造价：

采暖单位工程概算造价：3129661.69×1.4％＝43815.26元

通风空调单位工程概算造价：3129661.69×13.5％＝422504.32元

电气单位工程概算造价：3129661.69×2.5％＝78241.54元

给水排水单位工程概算造价：3129661.69×1％＝31296.62元

设备购置概算造价：3129661.69×38％＝1189271.44元

设备安装工程概算造价：3129661.69×3％＝93889.85元

工器具概算造价：3129661.69×0.5％＝15648.31元

综合楼单项工程综合概算表 表 3-32

序号	单位工程和费用名称	概算价值（万元）				技术经济指标			占单项工程投资（％）
		建安工程费	设备购置费	工程建设其他费	合计	单位	数量	单位造价（元/m²）	
1	建筑工程	182.76			182.76	m²	1360	1343.82	58.46
1.1	土建工程	125.18			125.18				
1.2	采暖工程	4.38			4.38				
1.3	通风、空调工程	42.25			42.25				
1.4	电气工程	7.82			7.82				
1.5	给水排水工程	3.13			3.13				
2	设备及设备安装工程	9.39	118.93		128.32	m²	1360	943.53	41.04
2.1	设备购置		118.93		118.93				
2.2	设备安装	9.39			9.39				
3	工器具购置		1.56		1.56	m²	1360	11.47	0.5
	合计	192.15	120.49		312.96	m²	1360	2298.82	100
4	占单项工程投资比例	61.46％	38.54％						

注：表中数值均按四舍五入原则保留两位小数。

97

练 习 题

一、单项选择题

1. 项目建设规模与投资效益之间存在一定的关系，下面说法正确的是(　　)。

A. 投资效益随着项目建设规模的增大而增大

B. 投资效益随着项目建设规模的增大而减小

C. 投资效益随着项目建设规模的增大而增大，但达到某个数量时，投资效益将随着项目建设规模的增大而减小

D. 投资效益随着项目建设规模的增大而减小，但达到某个数量时，投资效益将随着项目建设规模的增大而增大

2. 项目可行性研究的核心是(　　)。

A. 市场调查和预测研究　　　　　　B. 建设条件研究

C. 设计方案研究　　　　　　　　　D. 效益评价

3. 原有日产产品 10t 的某生产系统，现拟建相似的生产系统，生产能力比原有的增加 2 倍，用生产能力指数估计法估计投资额需要增加约为(　　)(指数为 0.5)。

A. 1.4 倍　　　　　B. 1.7 倍　　　　　C. 70%　　　　　D. 40%

4. 进行静态投资的估算，一般需要确定一个基准年，以便估算有一个统一的标准。静态投资估算的基准年常为(　　)。

A. 项目开工的第一年　　　　　　　B. 项目开工的前一年

C. 项目投产的第一年　　　　　　　D. 项目投产的前一年

5. 某工业项目，建筑安装工程费为 3154 万元，设备工器具购置费为 3486 万元，工程建设其他费为 830 万元，预备费为 581 万元，建设期贷款利息为 249 万元，不考虑项目的固定资产投资方向调节税。经测算，项目流动资金占固定资产投资的 16%，则该项目铺底流动资金为(　　)万元。

A. 1328　　　　　B. 398.4　　　　　C. 265.6　　　　　D. 358.6

6. 在全部投资现金流量表中，计算期最后一年的产品销售收入是 38640 万元，回收固定资产余值是 2331 万元，回收流动资金是 7266 万元，总成本费用是 26062 万元，折旧费是 3730 万元，经营成本是 21911 万元，销售税金及附加是 3206 万元，所得税是 3093 万元，该项目固定资产投资是 56475 万元。则该项目所得税前净现金流量为(　　)万元。

A. 20081　　　　　B. 23120　　　　　C. 18969　　　　　D. 19390

7. 某项目第一年末投资 100 万元，第二年末获得净收益 180 万元，基准收益率为 10%，则财务净现值为(　　)万元。

A. 80　　　　　B. 72.7　　　　　C. 66.1　　　　　D. 57.9

8. 当某项目折现率为 10% 时，财务净现值为 200 万元；当折现率为 13% 时，财务净现值为 −100 万元。则该项目的财务内部收益率约为(　　)。

A. 11%　　　　　B. 12%　　　　　C. 13%　　　　　D. 14%

9. 某建设项目计算期为 10 年，各年净现金流量及累计净现金流量如下表所示，则该项目静态投资回收期为(　　)年。

现金流量统计表（万元）

年份	1	2	3	4	5	6	7	8	9	10
净现金流量	−200	−250	−150	80	130	170	200	200	200	200
累计净现金流量	−200	−450	−600	−520	−390	−220	−20	180	380	580

  A. 7.9　　　　　　B. 7.6　　　　　　C. 7.3　　　　　　D. 7.1

  10. 某项目固定资产投资为 61488 万元，流动资金为 7266 万元，项目投产年利润总额为 2112 万元，正常生产期年利润总额为 8518 万元，则正常年份的投资利润率为（　　）。

  A. 13.85%　　　　B. 7.73%　　　　C. 12.39%　　　　D. 8.64%

  11. 已知速动比率为 1，流动负债为 80 万元，存货为 120 万元，则流动比率为（　　）。

  A. 2.5　　　　　　B. 1　　　　　　C. 1.5　　　　　　D. 2

  12. 下列哪项是反映清偿能力的指标（　　）。

  A. 投资回收期　　　　　　　　B. 流动比率

  C. 财务净现值　　　　　　　　D. 资本金利润率

  13. 某建设项目计算期为 10 年，各年的净现金流量如表所示，该项目的行业基准收益率为 10%，则财务净现值为（　　）万元。

现金流量统计表

年份	1	2	3	4	5	6	7	8	9	10
净现金流量（万元）	−100	100	100	100	100	100	100	100	100	100

  A. 476　　　　　　B. 394.17　　　　C. 485.09　　　　D. 432.64

  14. 当初步设计达到一定深度，建筑结构比较明确时，编制建筑工程概算可以采用（　　）。

  A. 单位工程指标法　　　　　　B. 概算指标法

  C. 概算定额法　　　　　　　　D. 类似工程概算法

  15. 拟建砖混结构住宅工程，其外墙采用贴釉面砖，每平方米建筑面积消耗量为 0.9m²，釉面砖全费用单价为 50 元/m²。类似工程概算指标为 58050 元/100m²，外墙采用水泥砂浆抹面，每平方米建筑面积消耗量为 0.92m²，水泥砂浆磨面全费用单价为 9.5 元/m²，则该砖混结构工程修正概算指标为（　　）。

  A. 571.22　　　　B. 616.76　　　　C. 625.00　　　　D. 633.28

  16. 施工图预算审查的主要内容不包括（　　）。

  A. 审查工程量　　　　　　　　B. 审查预算单价套用

  C. 审查其他有关费用　　　　　D. 审查材料代用是否合理

  17. 审查施工图预算的方法有很多，其中全面、细致、质量高的审查方法是（　　）。

  A. 分组计算审查法　　　　　　B. 对比法

  C. 全面审查法　　　　　　　　D. 筛选法

18. 关于我国政府对投资项目的管理，下面说法不正确的是（　　）。

A. 对于政府投资建设的项目，政府有关部门既要审批项目建议书，也要审批可行性研究报告

B. 对于以投资补助方式使用政府资金的企业投资项目，政府有关部门只审批项目建议书，不审批可行性研究报告

C. 对于企业以资本金注入方式使用政府资金的投资项目，政府有关部门对项目建议书和可行性研究报告两者都要审批

D. 对于企业使用银行贷款的投资项目，可行性研究报告不需要经过政府部门的审批

19. 某工程的直接费为 8000 万元，间接费为 2000 万元，利润率为 7%，综合税率为 3.413%，则工程的含税造价约为（　　）万元。

A. 11065　　　　　B. 12048　　　　　C. 10014　　　　　D. 13000

20. 详细可行性研究阶段的投资估算误差应控制在（　　）以内。

A. ±5%　　　　　B. ±10%　　　　　C. ±15%　　　　　D. ±20%

二、多项选择题

1. 进行项目财务评价的基本报表有（　　）。

A. 固定资产投资估算表　　　　　B. 投资使用计划与资金筹措计划表

C. 现金流量表　　　　　D. 损益表

E. 资产负债表

2. 下列属于全部投资现金流量表中现金流出范围的有（　　）。

A. 固定资产投资（含投资方向调节税）　B. 流动资金

C. 固定资产折旧费　　　　　D. 经营成本

E. 利息支出

3. 下列属于财务评价动态指标的有（　　）。

A. 投资利润率　　B. 借款偿还期　　C. 财务净现值

D. 财务内部收益率　E. 资产负债率

4. 反映项目盈利能力的指标有（　　）。

A. 投资回收期　　B. 财务净现值　　C. 财务内部收益率

D. 流动比率　　E. 速动比率

5. 进行项目财务评价，保证项目可行的条件有（　　）。

A. 财务净现值≥0　　　　　B. 财务净现值≤0

C. 财务内部收益率≥基准收益率　　D. 财务内部收益率≤基准回收率

E. 静态投资回收期≤基准回收期

6. 设计概算编制依据的审查内容有（　　）。

A. 编制依据的合法性　　　　　B. 编制依据的权威性

C. 编制依据的准确性　　　　　D. 编制依据的时效性

E. 编制依据的适用范围

7. 建筑单位工程概算常用的编制方法包括（　　）。

A. 预算单价法　　B. 概算定额法　　C. 造价指标法

D. 类似工程预算法　E. 概算指标法

8. 建筑单位工程概预算的审查内容包括(   )。

A. 工艺流程　　　　　B. 工程量　　　　　C. 经济效果

D. 采用的定额或指标　　　　　　　E. 材料预算价格

9. 采用类似工程预算法编制单位工程概算时，应考虑修正的主要差异包括(   )。

A. 拟建对象与类似预算设计结构上的差异

B. 地区工资、材料预算价格及机械使用费的差异

C. 间接费用的差异

D. 建筑企业等级的差异

E. 工程隶属关系的差异

10. 单位工程概算可分为建筑工程概算和设备及安装工程概算两大类，下面(   )属于建筑工程概算。

A. 给水排水工程概算　　　　　　B. 电气工程概算

C. 生产家具购置费概算　　　　　D. 特殊构筑物工程概算

E. 热力设备及安装工程概算

三、分析计算题

1. 某厂拟新建一条生产线，建设期 2 年，运营期 8 年。第一年投入资金 3000 万元（其中贷款 1100 万元），第二年投入资金 2000 万元（其中贷款 1100 万元）。建设期贷款年利率 8%，按年计息，贷款合同规定：在项目运营期的前三年按等额还本付息方式归还银行贷款。

生产线建设投资全部形成固定资产，固定资产使用年限 10 年，残值 200 万元，按直线法折旧。求：

（1）建设期贷款利息；

（2）固定资产年折旧费和运营期末固定资产余值；

（3）编制还本付息表。

2. 某开发商拟投资建设 A 宾馆，建筑面积 10000m²。现找到该地区已建成的类似工程 B 宾馆的工程决算资料，B 宾馆的建筑安装工程费为 2000 元/m²。A、B 两宾馆的差异是：B 为铝合金窗、面积 2620m²（定额直接费为 290 元/m²），A 为玻璃幕墙、面积 3600m²（定额直接费为 1000 元/m²）；B 为钢筋混凝土平屋顶、面积 1400m²（定额直接费为 160 元/m²），A 为仿古歇山型屋顶、面积 1200m²（定额直接费为 600 元/m²）。

若 B 工程 2005 年建成，其建筑安装工程费的构成为：人工费占 20%、材料费占 55%、机械使用费占 13%、其他综合费税占 12%。B 工程决算至 A 工程估算期间：人工费上涨 20%、材料费上涨 10%、其他综合费税下降 3%。求：

估算 A 宾馆的建筑安装工程费。

4 施工阶段工程造价

教学目标：使学生具备进行施工阶段工程款结算的能力，具有一定的资金使用计划编制和投资控制能力。

知 识 点：工程变更、工程索赔、工程预付款、工程进度款、竣工结算款、工程价款动态结算、S形曲线、偏差。

学习提示：通过示例，掌握工程变更、工程索赔、工程预付款、工程进度款、竣工结算款、动态结算款、S形曲线、投资偏差、进度偏差的概念与计算。通过综合案例，掌握建设项目施工阶段实际工程款的结算方法。

4.1 工程价款结算

4.1.1 工程价款结算中的基础知识

1. 工程变更

在建设项目施工阶段，经常会发生一些与招标文件不一致的变化，如：发包人对项目有了新要求、因设计错误导致图纸的修改、施工遇到了事先没有估计到的事件等等，这些变化统称为工程变更。

工程变更的出现会导致建设项目工程量的变化、施工进度的变化，从而可能使项目实际造价超出原来的预算造价。

工程变更的原因可能来源于多方面，如：设计原因、建设单位原因、承包商原因、监理工程师原因等。不论任何一方提出的工程变更，均应有现场监理工程师确认，并签发工程变更指令后才能实施。

（1）变更后工程价款的确定程序

1）承包商按照监理工程师发出的变更通知及有关要求，进行有关变更。承包商在工程变更确定14天内，提出变更工程价款报告，经监理工程师确认后调整合同价款。承包商在工程变更确定14天内不向工程师提出变更工程价款报告时，视为该项变更不涉及合同价款的变更。

2）工程师在收到变更工程价款报告之日起7天内予以确认，工程师无正当理由不确认时，自变更工程价款报告送达之日起14天视为变更工程价款报告已被确认。

3）工程师确认增加的工程变更价款作为追加合同价款，与工程款同期支付。

4）工程师不同意承包商提出的工程变更价款，可协商解决，不能协商一致的，由造价管理部门调解，调解不成，按合同纠纷解决方法解决。

5）因承包商自身原因导致的工程变更，承包商无权要求追加合同价款。

（2）变更后工程价款的确定方法

1）合同中已有适用于变更工程的价格，按合同已有的价格变更合同价款。

2）合同中只有类似于变更工程的价格，可以参照该价格变更。

3）合同中没有适用或类似于变更工程的价格，由承包商提出适当的变更价格，经工程师确认后执行。

【例 4-1】 某土方工程施工为挖一类土，计划土方量 15000m³，合同约定挖土单价 19 元/m³，在工程实施中，业主提出增加一项新的一类土挖土工程，土方量 5000m³，施工方提出挖土单价为 23 元/m³，需增加工程价款：5000×23＝115000（元）。施工方的工程价款计算是否被监理工程师支持？

【解】 不被支持。因合同中已约定了挖土单价，且增加的挖土工程与合同规定的挖土工程性质一致，均为一类土，所以应按合同单价执行，正确的工程价款为：

$$5000×19＝95000 \text{ 元}$$

2. 工程索赔

工程索赔是指在施工期间，一方因对方不履行或不完全履行合同所规定的义务，或出现了应当由对方承担的风险而遭受损失时，向另一方提出赔偿要求的行为。通常情况下，工程索赔是指承包商对非自身原因造成的损失而要求发包人给予补偿的一种权利要求。

工程索赔属于经济补偿行为，承包商索赔成立须具备三个条件：一是索赔事件发生是非承包商的原因；二是索赔事件发生确实使承包商蒙受了损失；三是索赔事件发生后，承包商在规定的时间范围内，按照索赔的程序，提交了索赔意向书及索赔报告。

工程索赔包括工期索赔和费用索赔两个方面。承包商的费用索赔将会使项目的实际造价超出原来的预算造价。

（1）工程索赔费用的组成

1）人工费。承包商完成了合同以外的额外工作所花费的人工费，非承包商责任的工效降低所增加的人工费用，非承包商责任工程延误导致人员窝工费。

2）机械使用费。承包商完成了额外的工作增加的机械使用费，非承包商责任的工效降低所增加的机械费用，业主原因导致机械停工的窝工费。

3）材料费。索赔事件材料实际用量增加费用，非承包商责任的工期延误导致的材料价格上涨而增加的费用等。

4）管理费。承包商完成了额外工程、索赔事项工作以及工期延长期间的管理费。包括管理人员工资、办公费等。

5）利润。由于工程范围的变更和施工条件变化引起的索赔，承包商可以列入利润。对于工期延误引起的索赔，由于工期延误并未影响、削减某些项目的实施，从而导致利润减少，所以业主一般不会同意承包商的利润索赔。

6）利息。包括拖期付款利息、由于工程变更和工程延误增加投资的利息、索赔款利息、错误扣款利息等。

7）分包费用。指分包商的索赔款额。分包商的索赔一般列入总承包商的索赔额中。

（2）分项法计算工程索赔费用

分项法是指按每个索赔事件所引起损失的费用项目，分别分析计算索赔值的一种方法。分项法是工程索赔计算中最常用的方法。

【例 4-2】 某建设项目，在业主与承包商签订的施工合同中规定：人工费 40 元/工日、塔吊费 300 元/台班、混凝土搅拌机费 100 元/台班、小机械费 70 元/台班。若非承包商原因造成窝工，则人工窝工费和机械停工费按合同工日费和台班费的 60% 结算支付。

实际施工中出现了下列情况（同一工作由不同原因引起的停工时间，都不在同一时间）。

（1）因业主不能及时供应材料使工作 A（塔吊 1 台、工人 20 人）延误 3d，B（小机械 2 台、工人 15 人）延误 2d，C（混凝土搅拌机 1 台、工人 10 人）延误 3d；

（2）因机械发生故障检修使工作 A 延误 2d，C 延误 2d；

（3）因业主要求设计变更使工作 D（塔吊 1 台、工人 15 人）延误 3d；

（4）因公网停电使工作 D 延误 1d，E（工人 25 人）延误 1d。

试分析计算承包商的工程索赔费用。

【解】 （1）分析：业主不能及时供应材料是业主违约，承包商可以得到工期和费用补偿；机械故障是承包商自身原因造成，不予补偿；业主要求设计变更可以补偿相应工期和费用；公网停电是业主应承担的风险，可以补偿承包商工期和费用（本例只计算费用补偿）。

（2）索赔费用计算：A 工作赔偿损失 3d，B 工作赔偿损失 2d，C 工作赔偿损失 3d，D 工作赔偿损失（3+1）＝4d，E 工作赔偿损失 1d。

①机械费计算。

A 工作塔吊：3d×300 元/台班×0.6＝540 元

B 工作小机械：2d×2 台×70 元/台班×0.6＝168 元

C 工作混凝土搅拌机：3d×100 元/台班×0.6＝180 元

D 工作塔吊：4d×300 元/台班×0.6＝720 元

机械费索赔合计：540＋168＋180＋720＝1608 元

②人工费计算。

A 工作人工：3d×20 人×40 元/工日×0.6＝1440 元

B 工作人工：2d×15 人×40 元/工日×0.6＝720 元

C 工作人工：3d×10 人×40 元/工日×0.6＝720 元

D 工作人工：4d×15 人×40 元/工日×0.6＝1440 元

E 工作人工：1d×25 人×40 元/工日×0.6＝600 元

人工费索赔合计：1440＋720＋720＋1440＋600＝4920 元

③总索赔费用：1608＋4920＝6528 元

3. 工程预付款

工程预付款是指在实行包工包料的建筑工程承包中，按施工合同条款规定，在工程开工前由发包方拨付给承包商一定数额的预付备料款，作为施工单位的备料周转资金，所以也称工程备料款。

工程预付款仅用于承包商支付施工开始时与本工程有关的动员费用，预付时间和数额在施工合同的专用条款中约定，工程开工后按合同约定的时间和比例逐次扣回。

（1）工程预付款限额

1）按公式计算预付款限额。因为决定工程预付款的因素有材料占工程造价比重、材料储备期、施工工期，因此可按式（4-1）计算工程预付款限额。

$$工程预付款限额 = \frac{年度承包工程总值 \times 主要材料所占比重}{年度施工日历天数} \times 材料储备天数 \quad (4\text{-}1)$$

【例 4-3】 某工程合同总额 800 万元，材料、构件占合同总额比重 70%，按承包商的施工进度计划安排，该工程年度施工天数为 180d，若材料储备天数为 60d，则：

$$工程预付款限额 = \frac{800 \times 70\%}{180} \times 60 = 186.67 \text{ 万元}$$

2）按比例确定预付款限额。在许多工程中，工程预付款是在施工合同中由双方协商规定一个比例，然后按合同价款乘以该比例来确定工程预付款。具体算式为：

$$工程预付款数额 = 年度建筑安装工程合同价 \times 工程预付款比例 \qquad (4-2)$$

工程预付款的比例可根据工程类型、合同工期、承包方式等不同而定。一般建筑工程不应超过当年建筑工作量（包括水、电、暖）的 30%，安装工程按年安装工作量的 10% 计算，材料占比重较大的安装工程按年计划产值 15% 左右预付。

对于包工不包料的工程项目，可以不付工程预付款。

（2）工程预付款的扣回

由于工程预付款属于预支性质，因此在工程实施后随着工程所需材料储备的逐步减少，应以抵充工程款的方式，在承包商应得的工程进度款中陆续扣回。

工程预付款扣回的时间称为起扣点，起扣点的计算方法有两种。

1）按公式计算起扣点。这种方法是以未完工程所需材料的价值等于预付备料款时起扣，并从每次结算的工程款中按材料比重抵扣工程价款，竣工前全部扣清。

$$工程预付款起扣点 = 合同总价 - \frac{工程预付款}{主要材料所占比重} \qquad (4-3)$$

【例 4-4】 某工程合同价总额 500 万元，工程预付款 150 万元，主要材料、构件所占合同价总额比重 60%，则起扣点为：

$$500 - \frac{150}{60\%} = 250 \text{ 万元}$$

2）在合同中规定起扣点。在合同中规定起扣点是指在施工合同中，由承、发包双方协商约定一个工程预付款的起扣点，当承包商完成工程款金额累计达到合同总价一定比例（即双方合同约定的数额）后，由发包方从每次应付给承包商的工程款中扣回工程预付款，在合同规定的完工期前将预付款扣完。如：自承包商所获得工程进度款累计达到合同价的 20% 的当月开始起扣。

4. 工程进度款

工程进度款是指在施工过程中，根据合同约定的结算方式，承包商按月或形象进度将已完成的工程量和应该得到的工程款报给发包方，发包方支付给承包商部分工程款的行为。工程进度款的结算过程是：

承包商提交已完工程量报表和工程款结算单→监理工程师核对并确认工程量→造价工程师核对并确认工程款结算单→业主审批认可→向承包商支付工程进度款。

（1）工程量确认的规定

1）承包商应按合同条款约定的时间向监理工程师提交已完工程量报告，监理工程师接到报告后 7d 内按设计图纸核实已完工程量（这个过程称为计量）。监理工程师计量前 24 小时通知承包商，承包商为计量提供便利条件并派人参加。承包商收到通知不参加计量，计量结果有效，作为工程进度款支付的依据。

2）监理工程师收到承包商报告后 7d 内未计量，从第 8d 起，承包商报告中开列的工程量即视为被确认，作为工程价款支付的依据。监理工程师不按约定时间通知承包商，致使承包商未能参加计量，计量结果无效。

3）承包商超出设计图纸范围和因承包商原因造成返工的工程量，监理工程师不予计量。例如：在地基工程施工中，当地基底面处理到施工图所规定的处理范围边缘时，承包商为了保证夯击质量，将夯击范围比施工图纸规定范围适当扩大，此扩大部分不予计量。因为这部分的施工是承包商为保证质量而采取的技术措施，费用由施工单位自己承担。

（2）工程进度款支付的规定

1）在计量结果确认后14d内，发包方应向承包商支付工程进度款，并按约定将应扣回的预付款扣回。

2）工程变更调整的合同价款、承包商的索赔款和其他条款中约定追加的合同价款，应与工程进度款同期支付。

3）发包方超过约定时间不支付工程进度款，承包商可向发包方发出要求付款通知。发包方收到通知后仍不能按要求付款，可与承包商签订延期付款协议，经承包商同意后可延期支付。延期付款协议应明确延期支付的时间和从计量结果确认后第15d起计算应付款的贷款利息。

4）发包方不按合同约定支付工程进度款，双方又未达成延期付款协议，导致施工无法进行，承包商可停止施工，由发包方承担违约责任。

5. 工程进度款结算方式

我国现行工程进度款结算根据不同情况，有多种结算方式。

（1）按月结算

按月结算的做法有两种：一是每个月发包方在旬末或月中预支部分进度款给承包商，到月底与承包商结算本月实际完成的工程进度款，等项目竣工后双方进行全部工程款的清算；二是发包方不给承包商预支款，每个月的月底直接与承包商结算本月实际完成的工程进度款，等项目竣工后双方进行全部工程款的清算。按月结算方式目前在我国工程建设中采用地较为广泛。

（2）竣工后一次结算

若建设项目或单项工程的全部建筑安装工程建设期在12个月以内，或工程承包合同价在100万元以下，一般实行工程进度款每月月中预支、竣工后一次结算。即合同完成后承包商与发包方进行合同价款的结算，确认的工程价款即为承发包双方结算的总工程款。

（3）分段结算

对于当年开工、当年不能竣工的单项工程或单位工程，承包商与发包方可以按照工程形象进度，划分出不同的阶段进行结算。对工程分阶段的标准，双方可以采用各地区或行业的规定，也可以自行约定。

（4）目标结算方式

在工程合同中，将承包工程的内容分解成不同控制面（验收单元），当承包商完成单元工程内容并经监理工程师验收合格后，发包方支付单元工程内容的工程款。采用目标结算方式时，双方往往在合同中对控制面的设定有明确的描述。承包商要想获得工程款，必须按照合同约定的质量标准完成控制面工程内容，要想尽快获得工程款，承包商必须充分发挥自己的组织实施能力，在保证质量前提下，加快施工进度。

（5）双方约定的其他结算方式。

6. 工程保修金

工程保修金是指发包方为了保证工程在交付使用后的一定时间内，当出现质量问题时能得到承包商的及时服务，而扣留的一笔工程尾款。工程保修金等工程项目保修期结束后再支付给承包商。工程保修金的扣留方法有两种：

（1）当工程进度款拨付累计额达到合同的一定比例时停止支付，预留的工程价款作为工程保修金。

（2）从第一次支付工程进度款时开始扣留，在每次承包商应得到的工程款中扣除合同规定的金额作为保修金，直至保修金总额达到合同规定的限额为止。如某工程项目的合同约定，保修金每月按进度款的 5% 扣留。若承包商第一月完成的产值是 100 万元，发包方实际支付给承包商的价款是：$100-100 \times 5\%=95$ 万元。

7. 竣工结算款

竣工结算款是指承包商按合同规定的内容全部完成所承包的工程，经验收工程质量、工程内容符合合同要求规定，并要求发包方支付最终工程价款的行为。

竣工结算款支付的规定：

（1）工程竣工验收报告经发包方认可后 28d 内，承包商向发包方递交竣工结算报告及完整的结算资料，双方按照约定的合同价款及专用条款约定的合同价款调整内容，进行工程竣工结算。

（2）发包方收到承包商递交的竣工结算资料后 28d 内核实，给予确认或者提出修改意见。承包商收到竣工结算款后 14d 内将竣工工程交付发包方。

（3）发包方收到竣工结算报告及结算资料后 28d 内，无正当理由不支付工程竣工结算价款，从第 29 天起按承包商同期向银行贷款利率支付拖欠工程款的利息，并承担违约责任。

（4）发包方收到竣工结算报告及结算资料后 28d 内不支付工程竣工结算款，承包商可以催告发包方支付结算价款。发包方在收到竣工结算报告及结算资料 56d 内仍不支付的竣工结算款，承包商可以与发包方协议将该工程折价、也可以由承包商申请法院将该工程拍卖，承包商就该工程折价或拍卖的价款中优先受偿。

（5）工程竣工验收报告经发包方认可 28d 后，承包商未向发包方递交竣工结算报告及完整的结算资料，造成工程竣工结算不能正常进行或工程竣工结算款不能及时支付，发包方要求交付工程的，承包商应当交付，发包方不要求交付工程的，承包商承担保管责任。

4.1.2 工程价款结算示例

【例 4-5】某工程合同价款 500 万元，材料、构件费估计为合同价款的 65%。施工合同规定：工程预付备料款为合同价款的 30%；工程保修金在每月工程进度款中按 5% 扣留。工程实施中每月实际完成工作量见表 4-1：

月实际完成工作量   表 4-1

月份	1	2	3	4	5	6
完成工作量（万元）	60	70	120	110	90	50

求：

（1）工程预付款及起扣点；

（2）该工程每月应结算的工程进度款；

（3）该工程实际支付的工程款和扣留的工程保修金。

【解】 （1）工程预付款＝500×30％＝150 万元

$$起扣点＝500－\frac{150}{65\%}＝269.23 \ 万元$$

（2）工程每月应结算的工程款。

1 月：累计完成工作量 60 万元，结算的进度款 60－60×5％＝57 万元

2 月：累计完成工作量 130 万元，结算的进度款 70－70×5％＝66.5 万元

3 月：累计完成工作量 250 万元，结算的进度款 120－120×5％＝114 万元

4 月：累计完成工作量 360 万元，超过起扣点 269.23 万元

结算的进度款＝110－（360－269.23）×65％－110×5％＝45.5 万元

5 月：累计完成工作量 450 万元

结算的进度款 90－90×65％－90×5％＝27 万元

6 月：累计完成 500 万元

结算的进度款＝50－50×65％－50×5％＝15 万元

（3）实际支付的工程款和扣留的保修金。

实际支付的工程款＝150＋57＋66.5＋114＋45.5＋27＋15＝475 万元

扣留的保修金＝500×5％＝25 万元

【例 4-6】 某新建房地产开发项目，房地产开发公司与承包商签订了施工合同，合同中含有 A、B 两个子项工程，A 项估算工程量为 2300m³，B 项为 3200m³。经房地产开发公司与承包商协商，A 项合同价为 180 元/m³，B 项为 160 元/m³，并在施工合同中规定：

开工前业主应向承包商支付合同价 20％的预付款；

业主自支付的第一个月起，从承包商的工程款中，按 5％的比例扣留保修金；

当子项实际工程量超过估算工程量±10％时可进行调价，调整系数分别为 0.9 和 1.1；

根据市场情况规定价格调整系数平均为 1.2，按月调整；

现场监理工程师签发月度付款最低金额为 25 万元；

预付款在最后两个月扣除，每月扣 50％。

承包商每月实际完成并经监理工程师签证确认的工程量见表 4-2。

求：

（1）工程预付款及起扣点；

（2）该工程每月应结算的工程进度款；

（3）该工程实际支付的工程款和扣留的工程保修金。

承包商月实际完成工作量　　　　　　　　　　　　　　　　表 4-2

月份 子项	1	2	3	4
A（m³）	500	800	800	600
B（m³）	700	900	800	400

【解】 （1）工程预付款及起扣点。

工程预付款＝（2300×180＋3200×160）×20％＝18.52万元

工程预付款在第三个月起扣，并在第三、四月扣回。

（2）每月应结算的工程款。

第一月：

工程量价款＝500×180＋700×160＝20.2万元

应签证的工程款＝20.2×1.2×（1－5％）＝23.028万元

由于工程师签发的最低金额为25万元，故本月工程师不予签发付款凭证。

第二月：

工程量价款＝800×180＋900×160＝28.8万元

应签证工程款＝28.8×1.2×0.95＝32.832万元

本月工程师签发的付款凭证：32.832＋23.028＝55.86万元

第三月：

工程量价款＝800×180＋800×160＝27.2万元

应签证的工程款＝27.2×1.2×0.95－18.52×50％＝21.748万元

不予签发付款凭证。

第四月：

A项工程累计完成工程量2700m³，比估算工程量2300m³超出400m³，已超过估算工程量10％，超过部分的单价应进行调整。

超过估算工程量10％的工程量为：2700－2300×（1＋10％）＝170m³

其单价应调整为：180×0.9＝162元/m³

A项工程量价款＝（600－170）×180＋170×162＝10.494万元

B项工程累计完成工程量2800m³，比估算工程量3200m³少了400m³，低于估算工程量10％，低于部分的单价应进行调整。

低于估算工程量10％的工程量为：3200－2800－3200×10％＝80m³

其单价应调整为：160×1.1＝176元/m³

B项工程量价款＝（400－80）×160＋80×176＝6.528万元

本月工程量价款：10.494＋6.528＝17.022万元

本月应签证工程价款：17.022×1.2×0.95－18.52×50％＝10.145万元

本月实际应签证工程价款：21.748＋10.145＝31.893万元

（3）实际支付的工程款和扣留的保修金。

实际支付的工程款＝18.52＋55.86＋31.893＝106.273万元

扣留的保修金＝（20.2＋28.8＋27.2＋17.022）×1.2×5％＝5.593万元

4.1.3 工程价款的动态结算

由于工程项目建设周期长，在整个建设期内会受到物价浮动等因素的影响，其中主要是人工、材料、施工机械费用变化的影响，因此在工程价款结算中要把物价浮动这种动态因素纳入结算过程，使工程价款结算能反映工程项目的实际消耗费用。

工程价款动态结算的方法主要有：实际价格结算法、工程造价指数调整法、调值公式计算法。

1. 实际价格结算法

实际价格结算法也称"票据法"，即承包商可凭发票按实报销。这种方法会使承包商对降低成本兴趣不大，所以采用该方法时一般按地方主管部门定期公布的材料价格为最高结算限价，同时在施工合同文件中规定建设单位或监理单位有权要求承包商选择更廉价的材料供应来源。

2. 工程造价指数调整法

这种方法是采取当时的预算或概算单价计算出承包合同价，待竣工时，根据合理的工期及当地工程造价管理部门所公布的该月度（或季度）的工程造价指数，对原承包合同价予以调整。

【例 4-7】 某工程 2009 年 10 月签订施工合同并开工，合同价款 1200 万元，双方约定按当地工程造价管理部门公布的工程造价指数调整价格上涨。工程于 2010 年 8 月竣工。当地工程造价管理部门公布的工程造价指数是：2009 年 10 月为 100.06，2010 年 8 月为 100.28，问竣工结算款为多少？价差调整额为多少？

【解】 竣工结算款 $=\dfrac{100.28}{100.06}\times 1200=1202.64$ 万元

价差调整额：$1202.64-1200=2.64$ 万元

3. 调值公式计算法

调值公式计算法是指承、发包双方在签订合同时就明确列出调值公式，结算时以调值公式计算的结果作为价差调整的依据。调值公式计算法是国际工程项目承包中广泛采用的方法。调值公式的表达式如下：

$$P=P_0\left(a_0+a_1\times\frac{A}{A_0}+a_2\times\frac{B}{B_0}+a_3\times\frac{C}{C_0}+a_4\times\frac{D}{D_0}\right) \tag{4-4}$$

式中　　　P——调值后的实际结算工程款；

P_0——合同中的工程款；

a_0——合同中规定不能调整的部分占合同工程款的比例；

a_1、a_2、a_3、a_4——可调整部分（指人工、钢材、水泥、运输等各项费用）在合同工程款中所占的比例；

A_0、B_0、C_0、D_0——基准日期对应的各项费用的基准价格指数或价格；

A、B、C、D——调整日期对应各项费用的现行价格指数或价格。

【例 4-8】 某工程的合同金额为 500 万元，承、发包双方在合同中约定，采用调值公式调整施工期间的价差。工程实施中的调价因素为 A、B、C 三项，其占合同工程款的比例分别为 20%、10%、25%，这三种因素的基期价格指数分别为 1.05、1.02、1.10，结算期的价格指数分别为 1.07、1.06、1.15。求：结算工程款。

【解】 结算中不调整的部分为：$100\%-(20\%+10\%+25\%)=45\%$

结算工程款 $=500\times\left(45\%+20\%\times\dfrac{1.07}{1.05}+10\%\times\dfrac{1.06}{1.02}+25\%\times\dfrac{1.15}{1.1}\right)=509.54$ 万元

价差调整额：$509.54-500=9.54$ 万元。

【例 4-9】 某土建工程合同价款 1500 万元，双方约定采用调值公式调整价差。合同原始报价日期为 2007 年 6 月，工程于 2008 年 3 月建成交付使用。工程人工费、材料费构成比例以及有关造价指数见表 4-3，求实际结算款。

项目	人工费	钢材	水泥	集料	红砖	砂	木材	不调值费用

人工费、材料费构成比例以及有关指数   表 4-3

项目	人工费	钢材	水泥	集料	红砖	砂	木材	不调值费用
比例	45%	11%	11%	5%	6%	3%	4%	15%
2007 年 6 月指数	100	100.8	102.0	93.6	100.2	95.4	93.4	
2008 年 3 月指数	110.1	98.0	112.9	95.9	98.9	91.1	117.9	

【解】

$$实际结算款 = 1500 \times \left(0.15 + 0.45 \times \frac{110.1}{100} + 0.11 \times \frac{98}{100.08} + 0.11 \times \frac{112.9}{102.0} \right.$$

$$\left. + 0.05 \times \frac{95.9}{93.6} + 0.06 \times \frac{98.9}{100.2} + 0.03 \times \frac{91.1}{95.4} + 0.04 \times \frac{117.9}{93.4} \right)$$

$$= 1500 \times 1.064 = 1596 \text{ 万元}$$

4.2 资金使用计划的编制与投资管理

4.2.1 资金使用计划的编制

工程建设周期长、规模大、投资高，施工阶段又是资金投入量最直接、最大、效果最明显的阶段，因此编制资金使用计划、检查实施中的偏差并及时进行调整，对控制工程建设项目的造价有着重要的作用。

通过编制、实施、检查对比资金使用计划，可实现两个目的：一是通过资金使用计划，合理地确定施工阶段工程造价的目标值，使造价的控制有依据，同时为资金的筹集与协调打基础；二是通过资金使用计划执行中的检查、对比，预测未来工程项目的资金使用，消除不必要的资金浪费，控制工程造价上升，最大限度地节约投资。

1. 按不同子项目编制资金使用计划

一个建设项目往往由多个单项工程组成，每个单项工程可能由多个单位工程组成，而单位工程又由若干个分部、分项工程组成。如一所新建学校就是一个建设项目，其组成情况如图 4-1 所示。

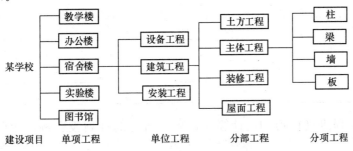

图 4-1　建设项目组成示意图

工程项目划分的粗细程度，要根据实际需要而定。一般情况下，投资目标可分解到各单项工程、单位工程。

编制的资金使用计划在分解到单项工程、单位工程的同时，还应分解到建筑工程费、安装工程费、设备购置费、工程建设其他费，这样有助于检查各项具体投资支出对象落实的情况。

2. 按时间进度编制资金使用计划

工程建设项目的投资总是分阶段、分期支出的，按时间进度编制资金使用计划，是将总目标按使用时间分解，确定分目标值。

按时间进度编制资金使用计划，通常采用下面步骤：

（1）确定工程进度计划

（2）根据单位时间内完成的实物工程量或投入的资源，计算单位时间投资

（3）累计单位时间投资

（4）根据累计单位时间投资绘制 S 形曲线

【例 4-10】某建设项目共有 A、B、C、D、E、F 六个分部工程，计划建设期 12 个月，计划总投资 5500 万元人民币，具体为：A 投资 700 万元、B 投资 700 万元、C 投资 800 万元、D 投资 1200 万元、E 投资 700 万元、F 投资 1400 万元。试编制资金使用计划，并绘制投资控制的 S 形曲线图。

【解】（1）根据建设项目的工期与分部工程情况，制订该项目的进度计划横道图见表 4-4，进度横线上方的数字为各分部工程每月计划完成的投资额。

工程进度计划横道图（万元） 表 4-4

分部工程	进度计划（月）											
	1	2	3	4	5	6	7	8	9	10	11	12
A	100	100	100	100	100	100	100					
B		100	100	100	100	100	100	100				
C			100	100	100	100	100	100	100	100		
D				200	200	200	200	200	200			
E					100	100	100	100	100	100	100	
F						200	200	200	200	200	200	200

（2）根据工程进度横道图，计算建设项目每月的计划投资额，计算结果如表 4-5 所示。

建设项目月计划投资额（单位：万元） 表 4-5

时间（月）	1	2	3	4	5	6	7	8	9	10	11	12
计划投资（万元）	100	200	300	500	600	800	800	700	600	400	300	200

（3）累计表 4-5 中的计划投资额，得建设项目累计月计划投资，见表 4-6。

时间（月）	1	2	3	4	5	6	7	8	9	10	11	12
计划投资（万元）	100	200	300	500	600	800	800	700	600	400	300	200
累计月计划投资	100	300	600	1100	1700	2500	3300	4000	4600	5000	5300	5500

建设项目累计月计划投资（万元）　　　　表 4-6

（4）根据表 4-6 绘制 S 形曲线，如图 4-2 所示。

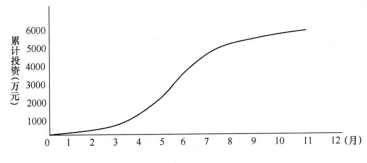

图 4-2　建设项目投资控制 S 形曲线

通常情况，每一条 S 形曲线都对应于某一特定的工程进度计划。由网络图的知识我们知道，一张工程网络图是由多个工作组成的，而工作又分为关键工作和非关键工作，非关键工作因时差的存在，就有最早开始时间与最迟开始时间。根据非关键工作的最早、最迟开始时间，我们可分别绘出两条 S 形曲线。对于同一个工程，无论是采用最早开始时间还是最迟开始时间安排进度计划，其开工时间与竣工时间

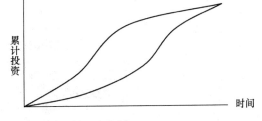

图 4-3　建设项目投资控制香蕉曲线

均是相同，因此两条曲线将形成类似香蕉的曲线图，如图 4-3 所示。

若建设项目实施中实际形成的 S 形曲线落在事先编制的投资控制香蕉曲线范围内，则表明工程进度与投资均没有突破计划。

4.2.2　投资管理

建设项目施工阶段的投资管理实质是对比计划与实际的投资额，检查是否存在偏差，分析偏差产生的原因，寻找控制或调整偏差的方法，使实际投资不突破计划投资。

1. 偏差

在项目实施过程中，由于各种因素的影响，实际情况往往会与计划出现差异。我们把投资的实际值与计划值的差异叫做投资偏差，把实际工程进度与计划工程进度的差异叫做进度偏差。

$$投资偏差 = 已完工程实际投资 - 已完工程计划投资 \tag{4-5}$$
$$进度偏差 = 已完工程实际时间 - 已完工程计划时间 \tag{4-6}$$

进度偏差也可表示为：

$$进度偏差 = 拟完工程计划投资 - 已完工程计划投资 \tag{4-7}$$

式中　拟完工程计划投资——指按原进度计划工作内容的计划投资。

通俗地讲，拟完工程计划投资是指"计划进度下的计划投资"，已完工程计划投资是指"实际进度下的计划投资"，已完工程实际投资是指"实际进度下的实际投资"。

进度偏差为"正"表示进度拖延，为"负"表示进度提前。投资偏差为"正"表示投资超支，为"负"表示投资节约。

【例 4-11】 某工作计划完成工作量 400m³，计划进度 50m³/d，计划投资 20 元/m³。工作进行到第四天时检查发现，实际完成了 180m³，实际投资了 3800 元。求：第四天的计划完成工作量、拟完工程计划投资、已完工程计划投资、投资偏差、进度偏差。

【解】 第四天的，

计划完成工作量＝50m³/d×4d＝200m³

拟完工程计划投资＝200m³×20 元/m³＝4000 元

已完工程计划投资＝180m³×20 元/m³＝3600 元

已完工程实际投资：3800 元

投资偏差＝3800－3600＝200 元，即投资超支了 200 元。

进度偏差＝4000－3600＝400 元，即进度拖延了 $\frac{400}{50 \times 20}$＝0.4 天。

2. 偏差分析

偏差分析的目的是要找出工程实施中的偏差是多少。常用的偏差分析方法有横道图分析法、时标网络图法、表格法和曲线法。

（1）横道图法

项目编码	项目名称	投资偏差	投资偏差	进度偏差	原因
011	土方工程	70 50 60	10	-10	
012	打桩工程	80 66 100	-20	-34	
013	基础工程	80 80 60	20	20	
	合计		10	-24	

注：▨ 已完工程实际投资   ▨ 已完工程计划投资   □ 拟完工程计划投资

图 4-4 偏差分析横道图

在实际工程中有时需要根据拟完工程计划投资和已完工程实际投资确定已完工程计划投资后，再确定投资偏差、进度偏差。

【例 4-12】 某工程的计划进度与实际进度横道图如图 4-5 所示，表中粗实线表示计划进度（上方数据表示每周计划投资），粗虚线表示实际进度（上方数据表示每周实际投资），假定各分项工程每周计划完成的工程量相等。试求该工程第六周末的投资偏差与进度偏差并进行分析。

【解】 由横道图 4-5 可知各分项工程的拟完工程计划投资和已完工程实际投资。要想求工程的进度偏差，首先要求出工程的已完工程计划投资。

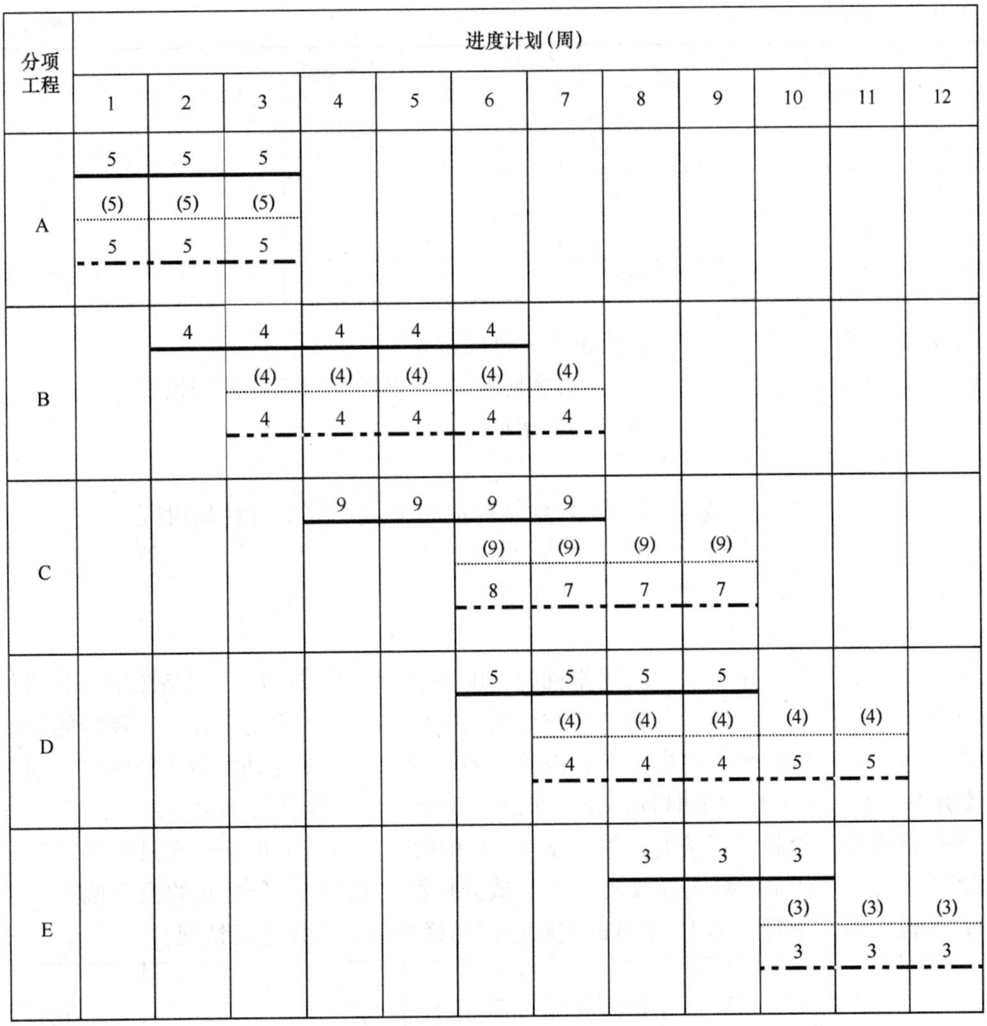

分项工程	进度计划(周)											
	1	2	3	4	5	6	7	8	9	10	11	12
A	5	5	5									
	(5)	(5)	(5)									
	5	5	5									
B		4	4	4	4	4						
		(4)	(4)	(4)	(4)	(4)						
		4	4	4	4	4						
C				9	9	9	9					
						(9)	(9)	(9)	(9)			
						8	7	7	7			
D						5	5	5	5			
							(4)	(4)	(4)	(4)	(4)	
							4	4	4	5	5	
E								3	3	3		
										(3)	(3)	(3)
										3	3	3

图 4-5　工程计划进度与实际进度横道图

由于已完工程计划投资的进度应与已完工程实际投资一致，因此在图 4-5 中画出已完工程计划投资的进度线，其位置如图 4-5 中的细虚线所示，其投资总额应与计划投资总额相同。例如 D 分项工程，其进度线同已完工程的实际进度应为 7~11 周，则拟完工程计划投资：4 周×5 万元＝20 万元，已完工程计划投资为 20 万元/5 周＝4 万元/周，如图 4-5 中的虚线所示，其余类推。

根据上述分析，将每周的拟完工程计划投资、已完工程计划投资、已完工程实际投资进行统计得到表 4-7。

各类投资统计表　　　　　　　　　　　　表 4-7

项目 ＼ 进度（周）	投资数据											
	1	2	3	4	5	6	7	8	9	10	11	12
每周拟完工程计划投资	5	9	9	13	13	18	14	8	8	3		
累计拟完工程计划投资	5	14	23	36	49	67	81	89	97	100		

进度（周）	投资数据											
项目	1	2	3	4	5	6	7	8	9	10	11	12
每周已完工程实际投资	5	5	9	4	4	12	15	11	11	8	8	3
累计已完工程实际投资	5	10	19	23	27	39	54	65	76	84	92	95
每周已完工程计划投资	5	5	9	4	4	13	17	13	13	7	7	3
累计已完工程计划投资	5	10	19	23	27	40	57	70	83	90	97	100

由表 4-7 可求出第 6 周末的投资偏差和进度偏差：

投资偏差 ＝累计已完工程实际投资 － 累计已完工程计划投资

＝39－40＝－1 万元

投资节约 1 万元。

进度偏差 ＝累计拟完工程计划投资 － 累计已完工程计划投资

＝67－40＝ 27 万元

进度拖后 27 万元。

（2）时标网络图法

双代号时标网络图是以水平时间坐标为尺度来表示工作时间的，网络图中的时间单位根据实际需要可以是天、周、月等。在时标网络图中，实箭线表示工作，实箭线的长度表示工作持续时间，虚箭线表示虚工作，波浪线表示所研究工作与其紧后工作的时间间隔。

【例 4-13】 某工程的早时标网络图如图 4-6 所示，工程进展到第 5、10、15 个月底时，根据检查情况绘制了三条前锋线，见图 4-6 中的粗虚线。工程 1～15 月的实际投资情况见表 4-8 中的"已完工程实际投资"项。试分析第 5 和第 10 个月底的投资偏差、进度偏差，并根据第 5 个月、第 10 个月的实际进度前锋线分析工程进度情况。

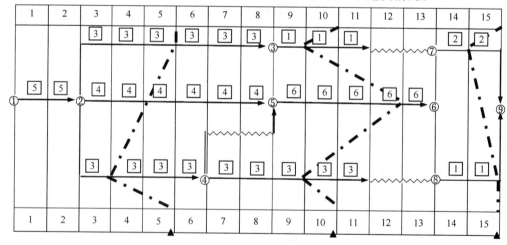

图 4-6 工程早时标网络图与前锋线

注：⑤——工作的月计划投资

【解】 （1）由图 4-6 计算拟完工程计划投资、累计拟完工程计划投资，由表 4-8 中的"已完工程实际投资"项，计算累计已完工程实际投资，得具体数据见表 4-8。

拟完工程计划投资与已完工程实际投资   表 4-8

月　份	1	2	3	4	5	6	7	8	9	10	11	12	13	14	15
拟完工程计划投资	5	5	10	10	10	10	10	10	10	10	10	6	6	3	3
累计拟完工程计划投资	5	10	20	30	40	50	60	70	80	90	100	106	112	115	118
已完工程实际投资	5	10	10	10	10	8	8	8	8	8	9	9	9	4	4
累计已完工程实际投资	5	15	25	35	45	53	61	69	77	85	94	103	112	116	120

（2）计算累计已完工程计划投资

第 5 个月底：累计已完工程计划投资＝2×5＋3×3＋2×4＋1×3＝30 万元

第 10 个月底：累计已完工程计划投资＝5×2＋3×6＋4×6＋3×4＋1×6＋3×3
＝98 万元

（3）计算投资偏差与进度偏差，并进行分析

第 5 个月底：

投资偏差＝累计已完工程实际投资－累计已完工程计划投资＝45－30＝15 万元

投资增加 15 万元。

进度偏差＝累计拟完工程计划投资－累计已完工程计划投资＝40－30＝10 万元

进度拖延 10 万元。

第 10 个月底：

投资偏差＝累计已完工程实际投资－累计已完工程计划投资＝85－98＝－13 万元

投资节约 13 万元。

进度偏差＝累计拟完工程计划投资－累计已完工程计划投资＝90－98＝－8 万元

进度提前 8 万元。

（3）曲线法

曲线法是利用 S 形曲线进行偏差分析。实际的 S 形曲线通常有三条曲线，即已完工程实际投资曲线、已完工程计划投资曲线和拟完工程计划投资曲线，如图 4-7 所示。

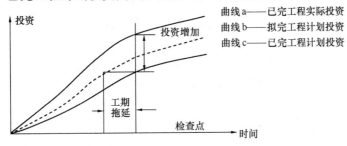

图 4-7　工程投资 S 形曲线

图 4-7 中已完工程实际投资与已完工程计划投资两条曲线之间的竖向距离表示投资偏差，拟完工程计划投资与已完工程计划投资曲线之间的水平距离表示进度偏差。

3. 偏差纠正

（1）偏差产生原因

1）客观原因：包括人工、材料费涨价、自然条件变化、国家政策法规变化等。

2）业主原因：投资规划不当、建设手续不健全、业主未及时付款等。

3）设计原因：设计错误、设计变更、设计标准变化等。

4）施工原因：施工组织设计不合理、质量事故等。

（2）偏差类型

偏差可分为四种形式：

1）投资增加且工期拖延。这种类型是纠正偏差的主要对象；

2）投资增加但工期提前。这种情况下要适当考虑工期提前带来的效益。如果增加的投资值超过增加的效益时，要采取纠偏措施，若这种收益与增加的投资大致相当甚至高于投资增加额，则未必需要采取纠偏措施；

3）工期拖延但投资节约。这种情况下是否采取纠偏措施要根据实际需要决定；

4）工期提前且投资节约。这种情况是最理想的，不需要采取纠偏措施。

（3）纠偏措施

1）组织措施：是指从投资控制的组织管理方面采取的措施。例如，落实投资控制的组织机构和人员，明确各级投资控制人员的任务、职能分工、权利和责任，改善投资控制工作流程等。组织措施是其他措施的前提和保障，是基础性措施。

2）经济措施：即采用经济处罚或奖励，一般易为人们接受，但运用中要注意不可把经济措施简单地理解为审核工程量及相应支付价款，应从全局出发来考虑，如检查投资目标分解的合理性，资金使用计划的保障性，施工进度计划的协调性。另外，通过偏差分析和未完工程预测可以发现潜在的问题，及时采取预防措施，从而取得造价控制的主动权。

3）技术措施：是指从技术层面（如先进施工工艺的采用）来纠正偏差。不同的技术措施往往会有不同的经济效果。运用技术措施纠偏，对不同的技术方案需要进行技术经济分析后再加以选择。

4）合同措施：在纠偏方面主要指索赔管理。在施工过程中，索赔事件的发生是难免的，发生索赔事件后要认真审查索赔依据是否符合合同规定，计算是否合理等，从主动控制的角度出发，加强日常的合同管理，落实合同规定的责任。

综合案例分析

1. 背景资料

某施工单位承包了一工程项目。合同规定，工程施工从 2009 年 7 月 1 日起至 2009 年 11 月 30 日止。在施工合同中，甲乙双方还约定：工程造价为 660 万元人民币，主要材料与构件费占工程造价的比重按 60% 考虑，预付备料款为工程造价的 20%，工程实施后，预付备料款从未施工工程尚需的主要材料及构件的价值相当于预付备料款数额时起扣，从每次结算工程款中按材料比重扣回，竣工前全部扣清。工程进度款采取按月结算方式支付，工程保修金为工程造价的 5%，在竣工结算月一次扣留，材料价差按规定上半年上调 10%，在竣工结算时一次调增。

双方还约定，乙方必须严格按照施工图纸及相关的技术规定要求施工，工程量由造价工程师负责计量。根据该工程合同的特点，工程量计量与工程款支付的要点如下：

（1）乙方对已完工的分项工程在 7d 内向监理工程师认证，取得质量认证后，向造价工程师提交计量申请报告。

（2）造价工程师在收到报告后 7d 核实已完工程量，并在计量 24 小时前通知乙方，乙方为计量提供便利条件并派人参加。乙方不参加计量，造价工程师可按照规定的计量方法自行计量，计量结果有效。计量结束后造价工程师签发计量证书。

（3）造价工程师在收到计量申请报告后 7d 内未进行计量，报告中的工程量从第 8 天起自动生效，直接作为工程价款支付的依据。

（4）乙方凭计量认证与计量证书向造价工程师提出付款申请，造价工程师审核申请材料后确定支付款额，并向甲方提供付款证明。甲方根据造价工程师的付款证明进行工程款支付或结算。

该工程施工过程中出现的下面几项事件：在土方开挖时遇到了一些工程地质勘探没有探明的孤石，排除孤石拖延了一定的时间；在基础施工过程中遇到了数天的季节性大雨，使得基础施工耽误了部分工期；在基础施工中，乙方为了保证工程质量，在取得在场监理工程师认可的情况下，将垫层范围比施工图纸规定各向外扩大了 10cm；在整个工程施工过程中，乙方根据监理工程师的指示就部分工程进行了施工变更。

该工程在保修期间内发生屋面漏水，甲方多次催促乙方修理，但是乙方一再拖延，最后甲方只得另请其他单位修理，发生修理费 15000 元。

工程各月实际完成的产值情况见表 4-9。

工程各月实际完成产值表　　　　　　　　表 4-9

月份	7	8	9	10	11
完成产值（万元）	60	110	160	220	110

2. 问题

（1）若基础施工完成后，乙方将垫层扩大部分的工程量向造价工程师提出计量要求，造价工程师是否予以批准，为什么？

（2）若乙方就排除孤石和季节性大雨事件向造价工程师提出延长工期与补偿窝工损失的索赔要求，造价工程师是否同意，为什么？

（3）对于施工过程中变更部分的合同价款应按什么原则确定？

（4）工程价款结算的方式有哪几种？竣工结算的前提是什么？

（5）该工程的预付备料款为多少？备料款起扣点为多少？

（6）若不考虑工程变更与工程索赔，该工程 7 月至 10 月每月应拨付的工程款为多少？11 月底办理竣工结算时甲方应支付的结算款为多少？该工程结算造价为多少？

（7）保修期间屋面漏水发生的 15000 元修理费如何处理？

3. 知识点

（1）预付工程款的概念、计算、与起扣。

（2）工程价款的结算方法、竣工结算的原则与方法。

（3）工程量计量的原则。

（4）工程变更价款的处理原则。

（5）工程索赔的处理原则。

4. 分析思路与参考答案

（1）问题 1

对于乙方在垫层施工中扩大部分的工程量，造价工程师应不予以计量。因为该部分的工程量超过了施工图纸的要求，也就是超过了施工合同约定的范围，不属于造价工程师计量的范围。

在工程施工中，监理工程师与造价工程师均是受雇于业主，为业主提供服务的，他们只能按照他们与业主所签合同的内容行使职权，无权处理合同以外的工程内容。对于"乙方为了保证工程质量，在取得在场监理工程师认可的情况下，将垫层范围比施工图纸规定各向外扩大了 10 cm"这一事实，监理工程师认可的是承包商的保证施工质量的技术措施，在业主没有批准追加相应费用的情况下，技术措施费用应由承包商自己承担。

（2）问题 2

因工期延误产生的施工索赔处理原则是：如果导致工程延期的原因是由业主造成的，承包商可以得到费用补偿与工期补偿；如果导致工程延期的原因是由不可抗力造成的，承包商仅可以得到工期补偿而得不到费用补偿；如果导致工程延期的原因是由承包商自己造成的，承包商将得不到费用与工期的补偿。

关于不可抗力产生后果的承担原则是：事件的发生是不是一个有经验的承包商能够事先估计到的。若事件的发生是一个有经验的承包商应该估计到的，则后果由承包商承担；若事件的发生是一个有经验的承包商无法估计到的，则后果由业主承担。

本案例中对孤石引起的索赔，一是因勘探资料不明导致，二这是一个有经验的承包商事先无法估计到的情况，所以造价工程师应该同意。即承包商可以得到延长工期的补偿，并得到处理孤石发生的费用及由此产生窝工的补偿。

本案例中因季节性大雨引起的索赔，因为基础施工发生在 7 月份，而 7 月份阴雨天气属于正常季节性的，这是有经验的承包商预先应该估计到的因素，承包商应该在合同工期内考虑，因而索赔理由不成立，索赔应予以驳回。

（3）问题 3

施工中变更价款的确定原则是：

1）合同中已有适用于变更工程的价格，按合同已有的价格计算变更合同的价款；

2）合同中有类似变更工程的价格，可参照类似价格变更合同价款；

3）合同中没有适用或类似于变更工程的价格，由承包商提出适当的变更价格，造价工程师批准执行，这一批准的变更价格，应与承包商达成一致，否则按合同争议的处理方法解决。

（4）问题 4

工程价款结算的方法主要有：

1）按月结算。即实行旬末或月中预支，月终结算，竣工后清算。

2）竣工后一次结算。即实行每月月中预支、竣工后一次结算。这种方法主要适用于工期短、造价低的小型工程项目。

3）分段结算。即按照形象工程进度，划分不同阶段进行结算。该方法用于当年不能竣工的单项或单位工程。

4）目标结款方式。即在工程合同中，将承包工程分解成不同的控制界面，以业主验收控制界面作为支付工程价款的前提条件。

5）结算双方约定的其他结算方式。

工程竣工结算的前提条件是：承包商按照合同规定内容全部完成所承包的工程，并符合合同要求，经验收质量合格。

（5）问题5

1）预付备料款

根据背景资料知：工程备料款为工程造价的20%。由于备料款是在工程开始施工时甲方支付给乙方的周转资金，所以计算备料款采用的工程造价应该是合同规定的造价660万元，而非实际的工程造价。

$$预付备料款 = 660 \times 20\% = 132 \text{ 万元}$$

2）备料款起扣点

按照合同规定，工程实施后，预付备料款从未施工工程尚需的主要材料及构件的价值相当于预付备料款数额时起扣。因此，备料款起扣点可以表述为：

$$备料款起扣点 = 承包工程价款总额 - \frac{预付备料款}{主要材料所占比重}$$

$$= 660 - \frac{132}{60\%} = 440 \text{ 万元}$$

（6）问题6

1）7至10月每月应拨付的工程款

若不考虑工程变更与工程索赔，则每月应拨付的工程款按实际完成的产值计算。7～10月各月拨付的工程款为：

7月——应拨付工程款55万元，累计拨付工程款55万元。

8月——应拨付工程款110万元，累计拨付工程款165万元。

9月——应拨付工程款165万元，累计拨付工程款330万元。

10月的工程款为220万元，累计拨付工程款550万元。550万元已经大于备料款起扣点440万元，因此在10月份应该开始扣回备料款。按照合同约定：备料款从每次结算工程款中按材料比重扣回，竣工前全部扣清。则10月份应扣回的工程款为：

（本月应拨付的工程款＋以前累计已拨付的工程款－备料款起扣点）$\times 60\%$

$$= (220 + 330 - 440) \times 60\% = 66 \text{ 万元}$$

所以10月应拨付的工程款为：

$$220 - 66 = 154 \text{ 万元}$$

累计拨付工程款484万元。

2）11月底的工程结算总造价

根据合同约定：材料价差按规定上半年上调10%，在竣工结算时一次调增。因此：

材料价差＝材料费$\times 10\% = 660 \times 60\% \times 10\% = 39.6 \text{ 万元}$

11月底的工程结算总造价＝合同价＋材料价差＝660＋39.6＝699.6万元

3）11月甲方应支付的结算款

11月底办理竣工结算时，按合同约定：工程保修金为工程造价的5%，在竣工结算月一次扣留。因此11月甲方应支付的结算款为：

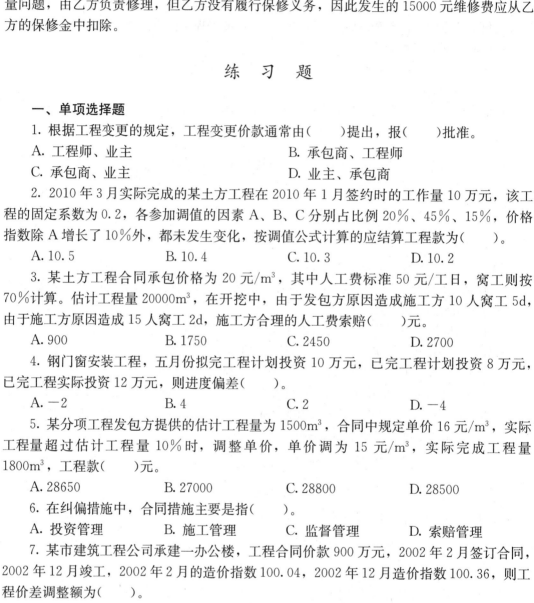

工程结算造价－已拨付的工程款－工程保修金－预付备料款
$= 699.6 － 484 - 699.6 \times 5\% － 132 = 48.62$ 万元

（7）问题 7

保修期间出现的质量问题应由施工单位负责修理。在本案例中的屋面漏水属于工程质量问题，由乙方负责修理，但乙方没有履行保修义务，因此发生的 15000 元维修费应从乙方的保修金中扣除。

练 习 题

一、单项选择题

1. 根据工程变更的规定，工程变更价款通常由（　　）提出，报（　　）批准。

   A. 工程师、业主　　　　　　　　　B. 承包商、工程师

   C. 承包商、业主　　　　　　　　　D. 业主、承包商

2. 2010 年 3 月实际完成的某土方工程在 2010 年 1 月签约时的工作量 10 万元，该工程的固定系数为 0.2，各参加调值的因素 A、B、C 分别占比例 20%、45%、15%，价格指数除 A 增长了 10% 外，都未发生变化，按调值公式计算的应结算工程款为（　　）。

   A. 10.5　　　　　　B. 10.4　　　　　　C. 10.3　　　　　　D. 10.2

3. 某土方工程合同承包价格为 20 元/m^3，其中人工费标准 50 元/工日，窝工则按 70% 计算。估计工程量 20000m^3，在开挖中，由于发包方原因造成施工方 10 人窝工 5d，由于施工方原因造成 15 人窝工 2d，施工方合理的人工费索赔（　　）元。

   A. 900　　　　　　B. 1750　　　　　　C. 2450　　　　　　D. 2700

4. 钢门窗安装工程，五月份拟完工程计划投资 10 万元，已完工程计划投资 8 万元，已完工程实际投资 12 万元，则进度偏差（　　）。

   A. －2　　　　　　B. 4　　　　　　C. 2　　　　　　D. －4

5. 某分项工程发包方提供的估计工程量为 1500m^3，合同中规定单价 16 元/m^3，实际工程量超过估计工程量 10% 时，调整单价，单价调为 15 元/m^3，实际完成工程量 1800m^3，工程款（　　）元。

   A. 28650　　　　　　B. 27000　　　　　　C. 28800　　　　　　D. 28500

6. 在纠偏措施中，合同措施主要是指（　　）。

   A. 投资管理　　　B. 施工管理　　　C. 监督管理　　　D. 索赔管理

7. 某市建筑工程公司承建一办公楼，工程合同价款 900 万元，2002 年 2 月签订合同，2002 年 12 月竣工，2002 年 2 月的造价指数 100.04，2002 年 12 月造价指数 100.36，则工程价差调整额为（　　）。

   A. 4.66 万元　　　B. 2.65 万元　　　C. 3.02 万元　　　D. 2.88 万元

8. 如甲方不按合同约定支付工程进度款，双方又未达成延期付款协议，致使施工无法进行，则（　　）。

   A. 乙方仍应设法继续施工

   B. 乙方如停止施工则应承担违约责任

   C. 乙方可停止施工，甲方承担违约责任

D. 乙方可停止施工，由双方共同承担责任

9. 在工程量验收确认时，监理工程师对承包商超出设计图纸范围施工的工程量应当（   ）。

A. 不予计量

B. 予以计量

C. 征得发包方同意后进行计量

D. 与承包商协商后再进行计量

10. 在建设项目施工阶段，经常会发生工程变更。对于施工中的工程变更指令，通常应该由（   ）发出。

A. 项目经理 　　　　　　　　　　　B. 本工程的总设计师

C. 现场监理工程师 　　　　　　　　D. 承包商

11. 某工程合同价款 950 万元，主要材料款估计为 600 万元。该工程计划年度施工天数为 240d，若材料储备天数 50d，则本工程的预付款限额（   ）万元。

A. 210.24　　　　　B. 200.14　　　　　C. 125　　　　　D. 197.92

12. 背景资料同习题 11，该工程预付款的起扣点约为（   ）万元。

A. 646　　　　　　B. 708　　　　　　C. 637　　　　　　D. 752

13. 承包商按合同约定时间向监理工程师提交已完工程量报告，监理工程师接到报告后（   ）d 内按设计图纸完成计量。

A. 6　　　　　　　B. 7　　　　　　　C. 8　　　　　　　D. 9

14. 发包方收到承包商递交的竣工结算资料后（   ）d 内核实，给予确认或者提出修改意见，承包商收到竣工结算款后（   ）d 内将竣工工程交付发包方。

A. 7、14　　　　　B. 14、7　　　　　C. 28、14　　　　　D. 14、28

15. 进行工程价款动态结算的目的是（   ）。

A. 把物价浮动因素纳入结算过程

B. 把工程量变化因素纳入结算过程

C. 把设计变更因素纳入结算过程

D. 把造价超资因素纳入结算过程

16. 关于工程项目构成的划分，下面说法不正确的是（   ）。

A. 建设项目所指的范围最广泛

B. 可以把砌墙看成一个分项工程

C. 一栋可以使用的住宅是一个单项工程

D. 单项工程是单位工程的组成部分

17. 投资控制香蕉曲线是（   ）形成的。

A. 根据网络图中的关键工作、非关键工作

B. 根据网络图中关键工作的最早、最迟开始时间

C. 根据网络图中非关键工作的最早、最迟开始时间

D. 根据网络图中的时差

18. 某工程的投资偏差为 −50 万元，进度偏差为 2 周，这表明该工程的（   ）。

A. 投资增加，进度拖延 　　　　　　B. 投资增加，进度提前

C. 投资减少，进度拖延　　　　　　　　D. 投资减少，进度提前

19. 拟完工程计划投资是指（　　　）。

A. 计划进度下的计划投资　　　　　　　B. 计划进度下的实际投资

C. 实际进度下的计划投资　　　　　　　D. 实际进度下的实际投资

20. 在投资控制中，明确各级投资控制人员的任务、职能分工、权利和责任，改善投资控制的工作流程，属于投资控制的（　　　）。

A. 经济措施　　　　B. 合同措施　　　　C. 组织措施　　　　D. 技术措施

二、多项选择题

1. 由于业主原因设计变更，导致工程停工一个月，则承包商可索赔的费用（　　　）。

A. 利润　　　　　　　　　　　　　　　B. 人工窝工

C. 机械设备闲置费　　　　　　　　　　D. 增加的现场管理费

E. 税金

2. 在建设项目施工期间，承包商可根据合同规定提出付款申请，付款申请的主要内容包括（　　　）。

A. 已完工程量进度款　　　　　　　　　B. 工程变更费

C. 返工损失费　　　　　　　　　　　　D. 恶劣气候造成的窝工损失费

E. 索赔

3. 工程师对承商方提出的变更价款进行审核和处理时，下列说法正确的有（　　　）。

A. 承包商在工程变更确定后的规定时限内，向工程师提出变更价款报告，经工程师确认后调整合同价款

B. 承包商在规定时限内不向工程师提出变更价款报告，则视为该项变更不涉及价款变更

C. 工程师收到变更价款报告，在规定时限内无正当理由不确认，一旦超过时限，该价款报告失效

D. 工程师不同意承包商提出的变更价款，可以和解或要求工程造价管理部门调解

E. 工程师确认增加的工程变更价款作为追加合同款，与工程款同期支付

4. 工程保修金的扣法正确的是（　　　）。

A. 累计拨款额达到建安工程造价的一定比例停止支付，预留部分作为保修金

B. 在第一次结算工程款中一次扣留

C. 在施工前预交保修金

D. 在竣工结算时一次扣留

E. 从发包方向承包商第一次支付工程款开始，在每次承包商应得的工程款中扣留

5. 进度偏差可以表示为（　　　）。

A. 已完工程计划投资－已完工程实际投资

B. 拟完工程计划投资－已完工程实际投资

C. 拟完工程计划投资－已完工程计划投资

D. 拟完工程计划进度－已完工程计划进度

E. 已完工程实际进度－已完工程计划进度

6. 当利用 S 形曲线进行工程控制时，通过比较计划 S 形曲线和实际 S 形曲线，可以

获得的信息有（　　　）。

  A. 工程项目实际投资比计划投资增加或减少的数量

  B. 工程项目中各项工作实际完成的任务量

  C. 工程项目实际进度比计划进度超前或拖后的时间

  D. 工程项目中各项工作实际进度比计划进度超前或拖后的时间

  E. 预测后期工程进度

  7. 关于工程进度款的结算，下面正确的选项是（　　　）。

  A. 发包方应按照承包商的要求支付工程进度款

  B. 监理工程师可以不通知承包商自行进行工程量计量

  C. 因承包商原因造成返工的工程量监理工程师不予计量

  D. 承包商的索赔款应与工程进度款同期支付

  E. 在计量结果确认后 14d 内，发包方应向承包商支付工程进度款

  8. 发包方在收到竣工结算报告及结算资料 56d 内仍不支付竣工结算款，承包商可以（　　　），优先受偿。

  A. 扣压并拍卖发包方的固定资产   B. 拍卖发包方的车辆

  C. 与发包方协议将该工程折价   D. 申请法院将该工程拍卖

  E. 将竣工工程据为己有

  9. 偏差分析的目的是要找出工程实施中的偏差是多少，常用的偏差分析方法有（　　　）。

  A. 横道图分析法   B. 综合分析法

  C. 时标网络图法   D. 工期检验法

  E. S 形曲线法

  10. 偏差产生原因有（　　　）。

  A. 客观原因   B. 业主原因

  C. 设计原因   D. 施工原因

  E. 统计原因

三、分析计算题

  1. 2009 年 7 月实际完成的某土方工程，按 2009 年 4 月签约时的价格计算，工程价款为 10 万元，该工程固定系数为 0.2，各参加调值的因素除人工费的价格指数增长了 10% 外，其他都未发生变化，人工费占调值部分的 50%，求 2009 年 7 月该土方工程的结算款。

  2. 某工程项目的合同总价为 186 万元，该工程由三部分组成，其中土方工程费为 18.6 万元，砌体工程费为 74.4 万元，钢筋混凝土工程费为 93 万元。合同规定采用动态结算公式进行结算。本工程人工费和材料费占工程价款的 85%，在人工和材料费中，各项组成费用的比例见下表。

	土方（%）	砌砖（%）	钢筋混凝土（%）
人工费	50	38	36
钢材		5	25

	土方（%）	砌砖（%）	钢筋混凝土（%）
水泥		10	18
砂石		5	12
燃料	24		4
工具	26		
砖		42	
木材			5

该工程的合同投标报价为 2009 年 9 月，2009 年 12 月承包商完成的工程量价款为 24.4 万元。2009 年 9 月及 12 月的工资物价指数见下表。

费用名称	代号	2009 年 9 月指数	代号	2009 年 12 月指数
人工费	A_0	100	A	121
钢材	B_0	146	B	173
水泥	C_0	147	C	165
砂石	D_0	129	D	142
燃料	E_0	152	E	181
工具	F_0	144	F	172
砖	G_0	149	G	177
木材	H_0	148	H	168

试分析计算 2009 年 12 月的工程结算款为多少？

3. 某工程项目，业主与承包商签订的施工合同为 600 万元，工期为 3～10 月共八个月，合同规定：

（1）工程备料款为合同价的 25%，主材比重按 62.5% 考虑；

（2）保修金为合同价的 5%，从第一次支付开始，每月按实际完成工程量价款的 10% 扣留；

（3）业主提供的材料和设备在发生当月的工程款中扣回；

（4）施工中发生经确认的工程变更，在当月的进度款中予以增减；

（5）当承包商每月累计实际完成工程量价款少于累计计划完成工程量价款占该月实际完成工程量价款的 20% 及以上时，业主按当月实际完成工程量价款的 10% 扣留，该扣留项当承包商赶上计划进度时退还。但发生非承包商原因停止时，这里的累计实际工程量价款按每停工一日计 2.5 万元；

（6）若发生工期延误，每延误 1d，责任方向对方赔偿合同价的万分之十二的费用，该款项在竣工时办理。

在施工过程中 3 月份由于业主要求设计变更，工期延误 10d，共增加费用 25 万元，8 月份发生台风，停工 7d，9 月份由于承包商的质量问题，造成返工，工期延误 13d，最终工程于 11 月底完成，实际施工 9 个月。

经工程师认定的承包商在各月计划和实际完成的工程量价款及由业主直供的材料、设备的价值见下表，表中未计入由于工程变更等原因造成的工程款的增减数额。

月 份	3	4	5	6	7	8	9	10	11
计划完成工程量价款（万元）	60	80	100	70	90	30	100	70	
实际完成工程量价款（万元）	30	70	90	85	80	28	90	85	43
业主直供材料设备价（万元）	0	18	21	6	24	0	0	0	0

求：

（1）预付备料款和起扣点是多少？

（2）工程师每月实际签发的付款凭证金额为多少？

（3）发包方实际支付多少工程款？若本项目的建筑安装工程业主计划投资为 615 万元，则投资偏差为多少？

5 竣工阶段工程造价

教学目标：使学生掌握竣工验收的过程、竣工决算的内容，具有一定的竣工决算编制能力和保修费处理能力。

知 识 点：竣工验收、竣工图、竣工决算、新增资产、工程保修。

学习提示：理解竣工验收的概念、条件、内容、程序；理解竣工决算的内容；掌握竣工决算的编制程序；理解新增资产的确定；通过示例，掌握新增固定资产中共同费用的分摊方法；理解工程保修与保修费用的处理。

5.1 竣 工 验 收

建设项目竣工验收是指由发包方、承包商和项目验收委员会，以项目批准的设计任务书和设计文件，以及国家或部门颁发的施工验收规范和质量检验标准为依据，按照一定的程序和手续，在项目建成并试生产合格后（工业生产性项目），对工程项目的总体进行检验、认证、综合评价和鉴定的活动。

竣工验收是项目建设全过程的最后一个程序，是施工阶段和保修阶段的中间过程，是检查施工质量和内容是否符合设计要求与检验标准的重要环节，是投资转化为生产或使用成果的标志。

工业生产性建设项目，须经试生产合格，形成了生产能力才能进行验收。非生产性项目应能正常使用才可验收。

建设项目竣工验收，按被验收的对象不同可分为：单位工程验收、单项工程验收（也称交工验收）、工程整体验收（也称动用验收）。通常说的竣工验收是指的"动用验收"，即发包方在建设项目按批准的设计文件所规定的内容全部建成后，向使用单位（国有资金建设的工程向国家）交工的过程。

"动用验收"的程序是：整个建设项目按设计要求全部建成，经过第一阶段的交工验收符合设计要求，并具备竣工图、竣工结算、竣工决算等必要的文件资料，由建设项目主管部门或发包方，按照《建设项目竣工验收办法》的规定向负责验收的单位提出申请报告，接受由银行、物资、环保、劳动、统计、消防及其他有关部门组成的验收委员会或验收组的验收，并办理固定资产移交手续。验收委员会或验收组听取有关单位的工作报告，审阅工程技术档案资料，并实地查验建筑工程和设备安装情况，对工程设计、施工和设备质量等方面做出全面的评价。

5.1.1 竣工验收概述

1. 竣工验收条件

根据《建设工程质量管理条例》规定，建设工程竣工验收应当具备以下条件：

（1）完成设计和合同约定的各项内容；

（2）有完整的技术档案和施工管理资料；

（3）有工程使用的主要建筑材料、建筑构配件和设备的进场试验报告；

（4）有勘察、设计、施工、工程监理等单位分别签署的质量合格文件；

（5）发包方已按合同约定支付了工程款；

（6）有承包商签署的工程质量保修书；

（7）建设行政主管部门和质量监督部门责令整改的问题（若有）已经全部整改完毕；

（8）工程项目前期审批手续齐全。

2. 竣工验收标准

（1）工业生产性项目验收标准

1）生产性项目和辅助性公用设施已按设计要求完成，能满足生产使用；

2）主要工艺设备、动力设备均已安装配套，经无负荷联动试车和有负荷联动试车合格，已形成生产能力并能够生产出设计文件规定的产品；

3）必要的生产设施已按设计要求建成；

4）生产准备工作能适应投产的需要；

5）环境保护设施、劳动安全卫生设施、消防设施已按设计要求与主体工程同时建成并能使用；

6）土建、安装、人防、管道、通信等工程的施工和竣工验收，必须按照国家和行业施工及验收规范执行。

（2）民用建设项目验收标准

1）建设项目的各单位工程和单项工程均已符合项目竣工验收标准；

2）建设项目配套工程和附属工程均已施工结束，达到了设计规定的质量要求，并具备正常使用条件。

3. 竣工验收依据

（1）上级主管部门对该项目批准的各种文件；

（2）可行性研究报告；

（3）施工图设计文件及设计变更洽商记录；

（4）国家颁布的各种标准和现行的施工验收规范；

（5）工程承包合同文件；

（6）技术设备说明书；

（7）建筑安装工程统一规定及主管部门关于工程竣工的规定。

从国外引进的新技术和成套设备的项目以及中外合资建设项目，要按照签订的合同和进口国提供的设计文件等进行验收；利用世界银行等国际金融机构贷款的建设项目，应按世界银行规定按时编制《项目完成报告》。

4. 特殊情况的竣工验收

（1）工期较长、设备装置较多的大型工程，为能及时发挥投资效益，对能够独立生产的单项工程，可分期分批地组织竣工验收；对能生产中间产品的单项工程，若不能提前投料试车，可与生产最终产品的工程同步建成后，再进行全部验收。

（2）某些工程虽未全部按设计要求完成，但情况特殊的也应进行验收。主要有：

1）因少数非主要设备或某些特殊材料短期内不能解决，虽然工程施工内容尚未全部完成，但已可投产或使用的项目；

2）规定要求的建设内容已完成，但因外部条件制约（如流动资金不足、生产所需原材料不能满足等），而使已建工程不能投入使用的项目；

3）已形成部分生产能力，但近期内不能按原设计规模续建的项目，应从实际情况出发，经主管部门批准后可缩小规模，对已完成的工程和设备组织竣工验收。

5.1.2 竣工验收内容

1. 工程资料验收

工程资料验收包括技术资料、综合资料和财务资料验收三个方面。

（1）工程技术资料验收

1）工程地质、水文、气象、地形、地貌、建筑物、构筑物及重要设备安装位置、勘察报告与记录；

2）初步设计、技术设计或扩大初步设计、关键的技术试验、总体规划设计；

3）土质试验报告、地基处理；

4）建筑工程施工记录、单位工程质量检验记录、管线强度、密封性试验报告、设备及管线安装施工记录及质量检查、仪表安装施工记录；

5）设备试车、验收运转、维修记录；

6）产品的技术参数、性能、图纸、工艺说明、工艺规程、技术总结、产品检验与包装、工艺图；

7）设备的图纸、说明书；

8）涉外合同、谈判协议、意向书；

9）各单项工程及全部管网竣工图等资料。

（2）工程综合资料验收

1）项目建议书及批件，可行性研究报告及批件，项目评估报告，环境影响评估报告书，设计任务书；

2）土地征用申报及批准文件，招标、投标文件，合同文件，施工执照，竣工验收报告，验收鉴定书。

（3）工程财务资料验收

1）历年建设资金供应（拨、贷）情况和应用情况；

2）历年批准的年度财务决算；

3）历年年度投资计划、财务收支计划；

4）建设成本资料；

5）设计概算、预算资料；

6）施工决算资料。

2. 工程内容验收

包括建筑工程验收、安装工程验收两部分。

（1）建筑工程验收

1）建筑物的位置、标高、轴线是否符合设计要求；

2）对基础工程的土石方工程、垫层工程、砌筑工程等资料的审查；

3）对结构工程的砖木结构、砖混结构、内浇外砌结构、钢筋混凝土结构的审查；

4）对屋面工程的屋面瓦、保温层、防水层等的审查；

5）对门窗工程的审查；

6）对装修工程（抹灰、油漆等工程）的审查。

（2）安装工程验收

1）建筑设备安装工程（指民用建筑中的给水排水管道、供暖、燃气、通风、电气照明等设备安装）。检查设备的规格、型号、数量、质量是否符合设计要求，检查安装时的材料、材质、材种，进行试压、闭水试验，检查照明。

2）工艺设备安装工程（指生产、起重、传动、实验等设备的安装及附属管线敷设和油漆、保温等）。检查设备的规格、型号、数量、质量；检查设备安装的位置、标高、机座尺寸；进行单机试车、无负荷联动试车、有负荷联动试车；检查管道的焊接质量、各种阀门，进行试压、试漏。

3）动力设备安装工程（指有自备电厂的项目或变配电室、所及动力配电线路等）的验收。

5.1.3 竣工验收

1. 竣工验收方式

（1）单位工程竣工验收

单位工程竣工验收（也称中间验收）是以独立签订施工合同的单位工程或专业工程（如大型土方工程）为对象，当单位工程达到竣工条件后，承包商可单独交工。单位工程竣工验收由监理单位组织，发包方和承包商派人参加，单位工程竣工验收资料是建设项目最终验收的依据。

（2）单项工程竣工验收

单项工程竣工验收是一个单项工程完成设计图纸规定的工程内容，能满足生产要求或具备使用条件，承包商向监理单位提交"工程竣工报告"和"工程竣工报验单"，经确认后向发包方提出"交付竣工验收通知书"，说明工程完工情况、竣工验收准备情况、设备无负荷单机试车情况，具体约定验收的有关工作。单项工程竣工验收由发包方组织，承包商、监理单位、设计单位和使用单位参加。

（3）全部工程竣工验收

全部工程竣工验收是建设项目按设计要求全部建成、达到竣工验收条件，由发包方组织设计、施工、监理等单位和档案部门进行全部工程的竣工验收。

2. 竣工验收程序

（1）承包商自验

承包商自验是指承包商在完成承包的工程后，自行对所完成的项目进行检查的过程，也称交工预验。承包商自验一般分基层施工单位自验、项目经理自验、公司级预验三个层次，目的是为正式的交工验收做好准备。

（2）承包商申请交工验收

承包商在完成了交工预验工作和准备好竣工资料后，即可向监理工程师提交"工程竣工报验单"，申请交工验收。交工验收一般为单项工程，也可以是特殊情况的单位工程（如特殊基础处理工程、发电站单机机组完成后的移交等）。

（3）监理工程师现场初验

监理工程师收到"工程竣工报验单"后，由监理工程师组成验收组，对竣工工程项目的竣工资料和专业工程质量进行初验。初验中发现的质量问题，要及时书面通知承包商，令其修理甚至返工。承包商整改合格后监理工程师签署"工程竣工报验单"，并向发包方提出质量评估报告。

（4）正式验收

1）单项工程正式验收。单项工程正式验收由发包方组织，监理、设计、承包商、工程质量监督等单位参加，依据合同和国家标准，对以下几方面进行检查：

A. 检查、核实竣工项目准备移交给发包方的所有技术资料的完整性、准确性；

B. 检查已完工程是否有漏项；

C. 检查工程质量、隐蔽工程验收资料、关键部位的施工记录等，考察施工质量是否达到合同要求；

D. 对工业生产性项目，检查试车记录及试车中所发现的问题是否得到改正；

E. 明确规定需要返工、修补工程的完成期限；

F. 其他相关问题。

单项工程验收合格后，发包方和承包商共同签署"交工验收证书"。然后由发包方将有关技术资料和试车记录、试车报告及交工验收报告一并上报主管部门。主管部门批准后，该单项工程即可投入使用。对于验收合格的单项工程，在全部工程验收时，原则上不再办理验收手续。

2）建设项目（即全部工程）正式验收。建设项目全部施工完成后，由国家主管部门组织竣工验收（也称动用验收），发包方参与全部工程的竣工验收。建设项目的正式验收分为：验收准备、预验收和正式验收三个阶段。

验收准备阶段主要做好以下工作：

A. 整理技术资料，分类装订成册；

B. 列出已交工工程和未完工工程一览表；

C. 提交财务决算分析；

D. 进行预申报工程质量等级的评定，做好相关材料的准备工作；

E. 汇总项目档案资料，绘制工程竣工图；

F. 登载固定资产，编制固定资产构成分析表；

G. 提出试车检查情况报告，总结试车考评情况；

H. 编写竣工结算分析报告和竣工验收报告。

预验收是在验收准备工作完成后，由发包方或上级主管部门会同监理、设计、承包商及有关单位组成预验收组进行预验收。预验收主要做好以下工作：

A. 核实竣工准备工作，确认竣工项目档案资料的完整、准确性；

B. 对验收准备过程中有争议的问题及遗留问题提出处理意见；

C. 检查财务账表是否齐全、数据是否准确真实；

D. 检查试车情况和生产准备情况；

E. 编写竣工验收报告和移交生产准备情况报告。

大型项目正式验收由投资主管部门或地方政府组织，小型项目正式验收由项目主管部门组织。正式验收将成立由银行、物资、环保、劳动、统计、消防及其他有关部门人员组成的项目验收小组或项目验收委员会，发包方、监理、设计、承包商、使用单位共同参加验收工作。正式验收程序为：

A. 发包方与设计单位分别汇报工程合同履行情况，执行国家法律法规、工程建设强制性标准情况；

B. 承包商汇报建设项目的施工情况、自验情况和竣工情况；

C. 监理单位汇报监理内容、监理情况及对项目竣工的意见；

D. 验收小组进行现场检查，查验项目质量与合同履约情况；

E. 验收小组审查档案资料；

F. 验收小组评审、鉴定设计水平与工程质量，在确认符合竣工标准和合同规定后，签发竣工验收合格证书；

G. 验收小组对项目整体做出验收鉴定，签署竣工验收鉴证书见表5-1。

竣工验收签证书 表 5-1

工程名称		工程地点	
工程范围		建筑面积	
开工日期		竣工日期	
日历工作天		实际工作天	
工程造价			
验收意见			
验收人			

建设项目正式验收后，发包方应及时办理固定资产交付使用手续。在进行竣工验收时，已验收过的单项工程可以不再办理验收手续，但应将单项工程交工验收证书作为最终验收的附件而加以说明。

5.2 竣工决算

竣工决算是指项目竣工后，建设单位编制的以实物数量和货币指标为计量单位的、综合反映项目从筹建到竣工交付使用止的全部建设费用、建设成果和财务情况的总结性文件。竣工决算是竣工验收报告的重要组成部分。

竣工决算反映了竣工项目计划和实际的建设规模、建设工期、生产能力，反映了计划投资和实际建设成本，反映了竣工项目所达到的主要技术经济指标。

5.2.1 竣工决算的内容

竣工决算包括：竣工决算报告情况说明书、竣工财务决算报表、建设工程竣工图、工程造价比较分析四个方面的内容。

1. 竣工决算报告情况说明书

竣工决算报告情况说明书是对竣工决算报表进行分析和补充说明的文件，主要反映竣工项目的建设成果和经验，是全面考核分析建设项目投资与造价的书面总结。

（1）项目概况

项目概况一般从进度、质量、安全、造价方面进行分析说明。进度方面主要说明开工、竣工时间，说明项目建设工期是提前还是延期；质量方面主要根据竣工验收小组（委员会）或质量监督部门的验收评定等级、合格率和优良率进行说明；安全方面主要根据承包商、监理单位的记录，对有无设备和安全事故进行说明；造价方面主要对照概算造价、资金使用计划，说明项目是节约还是超支。

（2）项目财务分析

主要分析项目的资金来源及运用，说明工程价款结算、会计账务处理、财产物资状态、债权债务情况等。

（3）项目收支说明

主要说明该建设项目的投资包干数、实际支用数、节约额及分配情况。

（4）项目技术经济分析

对比概算与实际投资完成额，分析概算执行情况；根据实际投资的构成，分析新增生产能力固定资产占总投资额的比例、不增加固定资产的造价占投资总额的比例等。

（5）工程经验及有待解决的问题

（6）需要说明的其他事项

2. 竣工财务决算报表

建设项目的竣工财务决算报表要根据大、中型建设项目和小型建设项目分别制定。

大、中型建设项目竣工财务决算报表包括：建设项目竣工财务决算审批表，大、中型建设项目概况表，大、中型建设项目竣工财务决算表，大、中型建设项目交付使用资产总表，建设项目交付使用资产明细表。

小型建设项目竣工财务决算报表包括：建设项目竣工财务决算审批表，小型建设项目竣工财务决算总表，建设项目交付使用资产明细表。

（1）建设项目竣工财务决算审批表

建设项目竣工财务决算审批表　　　　表 5-2

建设项目法人（建设单位）		建设性质	
建设项目名称		主管部门	
开户银行意见： （盖章） 年　月　日			
专员办审批意见： （盖章） 年　月　日			
主管部门或地方财政部门审批意见： （盖章） 年　月　日			

建设项目竣工财务决算审批表可根据各主管部门的要求做适当修改。

1）表中"建设性质"按新建、改建、扩建、迁建和恢复建设项目等分类填列；

2）表中"主管部门"指建设单位的主管部门；

3）所有建设项目均须经过开户银行签署意见后，按照有关要求进行报批；中央级小型项目由主管部门签署审批意见；中央级大、中型建设项目报所在地财政监察专员办事机构签署意见后，再由主管部门签署意见报财政部审批；地方级项目由同级财政部门签署审批意见；

4）已具备竣工验收条件的项目，应在三个月内填报审批表。如三个月内不办理竣工验收和固定资产移交手续，则视同项目已正式投产，其费用不得从基本建设投资中支付，所实现的收入均作为经营收入，不再作为基本建设收入管理。

（2）大、中型建设项目概况表

大、中型建设项目竣工工程概况表　　　　　　　　　　表 5-3

建设项目名称			建设地址				项　目	概算	实际
主要设计单位			主要施工企业				建筑安装工程投资		
占地面积	设计	实际	总投资（万元）	设计	实际	基本建设支出	设备、工具、器具投资		
							待摊投资　其中：建设单位管理费		
新增生产能力	能力（效益）名称			设计	实际		其他投资		
							待核销基建支出		
建设起止时间	设计	从　年　月开工至　年　月竣工					非经营项目转出投资		
	实际	从　年　月开工至　年　月竣工					合计		
设计概算批准文号									
完成主要工程量	建筑面积（m²）			设备（台、套、t）					
	设计		实际	设计		实际			
收尾工程									

大、中型建设项目概况表综合反映项目的概况与内容，可按下列要求填写：

1）建设项目名称、建设地址、主要设计单位和主要施工单位按全称填；

2）表中各项的设计、概算数据可根据批准的设计文件和概算确定的数字填；

3）表中各项的实际数据可根据统计资料填；

4）表中的基本建设支出包括形成资产价值的交付使用资产（固定资产、流动资产、无形资产、递延资产支出），还包括不形成资产价值、但按规定应核销的待核销基建支出和非经营项目转出投资，可根据财政部门历年批准的"基建投资表"中的有关数据填；

5）表中"设计概算批准文号"按最后批准的文件号填；

6）表中"收尾工程"是指全部工程项目验收后尚遗留的少量收尾工程，应明确填写收尾工程的内容和完成时间，这部分工程的实际成本可根据实际情况进行估算并加以说明，完工后不再编制竣工决算。

（3）大、中型建设项目竣工财务决算表

大、中型建设项目竣工财务决算表   表5-4

资金来源	金额（元）	资金占用	金额（元）
一、基建拨款		一、基本建设支出	
1. 预算拨款		1. 交付使用资产	
2. 基建基金拨款		2. 在建工程	
其中：国债专项基金拨款		3. 待核销基建支出	
3. 专项建设基金拨款		4. 非经营项目转出投资	
4. 进口设备转账拨款		二、应收生产单位投资借款	
5. 器材转账拨款		三、拨付所属投资借款	
6. 煤代油专用基金拨款		四、器材	
7. 自筹资金拨款		其中：待处理器材损失	
8. 其他拨款		五、货币资金	
二、项目资产		六、预付及应收款	
1. 国家资本		七、有价证券	
2. 法人资本		八、固定资产	
3. 个人资本		固定资产原值	
4. 外商资本		减：累计折旧	
三、项目资本公积		固定资产净值	
四、基建借款		固定资产清理	
其中：国债转贷		待处理固定资产损失	
五、上级拨入投资借款			
六、企业债券资金			
七、待冲基建支出			
八、应付款			
九、未交款			
1. 未交税金			
2. 其他未交款			
十、上级拨入资金			
十一、留成收入			
合计		合计	

该表反映竣工的大中型建设项目从开工起到竣工止的全部资金来源和资金运用的情况，是考核、分析投资效果，落实节余资金，并作为报告上级核销基本建设支出和基本建设拨款的依据。在编制该表前，应先编制出项目竣工年度财务决算，根据竣工年度财务决

算和历年的财务决算数据来编制此表，表中的资金来源合计应等于资金支出合计。

（4）大、中型建设项目交付使用资产总表

大、中型建设项目交付使用资产总表　　　　　　　　表 5-5

序号	单项工程项目名称	总计	固定资产					流动资产	无形资产	其他资产
			合计	建筑工程	安装工程	设备	其他			

支付单位：　　　　　　负责人：　　　　接收单位：　　　负责人：

盖　　章　　　　年　月　日　　　盖章　　　　年　　月　　日

大、中型建设项目交付使用资产总表将作为财务交接、检查投资计划完成情况和分析投资效果的依据。

（5）建设项目交付使用资产明细表

建设项目交付使用资产明细表　　　　　　　　表 5-6

单项工程名称	建筑工程			设备、工具、器具、家具					流动资产		无形资产		递延资产	
	结构	面积(m²)	价值(元)	规格型号	单位	数量	价值(元)	设备安装费(元)	名称	价值(元)	名称	价值(元)	名称	价值(元)
合计														

支付单位：　　　　　　负责人：　　　　接收单位：　　　负责人：

盖　　章　　　　年　月　日　　　盖章　　　　年　　月　　日

建设项目交付使用资产明细表是办理资产交接的依据和接收单位登记资产账目的依据，同时也是使用单位建立资产明细账和登记新增资产价值的依据。

（6）小型建设项目竣工财务决算总表

小型建设项目竣工财务决算总表　　　　　　　　表 5-7

建设项目名称				建设地址				资金来源		资金运用	
初步设计概算批准文件号								项目	金额(元)	项目	金额(元)
								一、基建拨款其中:预算拨款		一、交付使用资产	
占地面积	计划	实际	总投资(万元)	计划		实际		二、项目资本		二、待核销基建支出	
				固定资产	流动资产	固定资产	流动资产			三、非经营项目转出投资	
								三、项目资本公积金			

137

新增生产能力	能力(效益)名称	设计	实际	四、基建借款		四、应收生产单位投资借款
				五、上级拨入借款		
建设起止时间	计划	从 年 月开工 至 年 月竣工		六、企业债券资金		五、拨付所属投资借款
	实际	从 年 月开工 至 年 月竣工		七、待冲基建支出		六、器材
基建支出	项 目	概算(元)	实际(元)	八、应付款		七、货币资金
	建筑安装工程			九、未付款其中:未交基建收入未交包干收入		八、预付及应收款
	设备、工具、器具					九、有价证券
	待摊投资 其中:建设单位管理费					十、原有固定资产
	其他投资			十、上级拨入资金		
	待摊销基建支出			十一、留成收入		
	非经营性项目转出投资					
	合计			合计		合计

3. 建设工程竣工图

建设工程竣工图是真实记录各种地上、地下建筑物和构筑物情况的技术文件,是工程交工验收、维护和扩建的依据,是国家的重要技术档案。国家规定:各项新建、扩建、改建的工程项目,特别是基础、地下建筑、管线、结构、井巷、桥梁、隧道、港口、水坝以及设备安装等隐蔽部位,都要编制竣工图。为确保竣工图质量,必须在施工过程中(不能在竣工后)及时做好隐蔽工程检查记录,整理好设计变更文件。

(1)凡按图竣工没有变动的,由承包商(包括总包、分包,下同)在原施工图加盖"竣工图"标志后,即作为竣工图。

(2)凡在施工过程中有一般性设计变更,但能将原施工图加以修改补充作为竣工图,可不重新绘制,由承包商负责在原施工图(必须是新蓝图)上注明修改的部分,并附以设计变更通知单和施工说明,加盖"竣工图"标志后,作为竣工图。

(3)凡结构形式改变、施工工艺改变、平面布置改变、项目改变以及有其他重大改变,不宜再在原施工图上修改、补充时,应重新绘制改变后的竣工图。由原设计原因造成的,由设计单位负责重新绘制;由施工原因造成的,由承包商负责重新绘图;由其他原因造成的,由发包方自行绘制或委托设计单位绘制。承包商负责在新图上加盖"竣工图"标志,并附以有关记录和说明,作为竣工图。

(4)为了满足竣工验收和竣工决算需要,还应绘制反映竣工工程全部内容的工程设计平面示意图。

4. 工程造价比较分析

工程造价比较分析的目的是确定竣工项目总造价是节约还是超支，总结先进经验，找出节约和超支的内容和原因，提出改进措施。

工程造价比较分析是通过对比竣工决算表中的实际数据与批准的概算、预算指标值进行的。实际分析时，可先对比整个项目的总概算，然后逐一对比建筑安装工程费、设备工器具购置费、工程建设其他费和其他费用，主要分析以下内容：

（1）主要实物工程量。对于实物工程量出入比较大的情况，必须查明原因。

（2）主要材料消耗量。可按照竣工决算表中所列明的三大材料实际超概算的消耗量，查明是在工程的哪个环节超出量最大，再进一步查明超耗的原因。

（3）建设单位管理费、措施费和间接费的取费标准。建设单位管理费、措施费和间接费的取费标准要按照国家和各地的有关规定，根据竣工决算报表中所列的费用与概预算所列的费用数额进行比较，查明费用项目是否准确，确定节约超支数额，并查明原因。

5.2.2　竣工决算的编制

1. 竣工决算的编制要求

（1）按规定及时组织竣工验收，保证竣工决算的及时性；

（2）积累、整理竣工项目资料，特别是项目的造价资料，保证竣工决算的完整性；

（3）清理、核对各项账目，保证竣工决算的正确性。

竣工决算应在竣工项目办理验收交付手续后一个月内编好，并上报主管部门，有关财务成本部分，还应送经办银行审查签证。主管部门和财政部门对报送的竣工决算审批后，建设单位即可办理决算调整和结束有关工作。

2. 竣工决算的编制程序

（1）收集、整理和分析资料

在编制竣工决算文件之前，要系统地整理所有的技术资料、工程结算文件、施工图纸和各种变更与签证资料，并分析资料的准确性。

（2）清理项目财务和结余物资

清理建设项目从筹建到竣工投产（或使用）的全部债权和债务，做到工程完毕账目清晰。要核对账目，查点库有实物的数量，做到账与物相等，账与账相符。对结余的各种材料、工器具和设备，要逐项清点核实，妥善管理，并按规定及时处理，收回资金。对各种往来款项要及时清理，为编制竣工决算提供准确的数据。

（3）填写竣工决算报表

按照前面工程决算报表的内容，统计或计算各个项目和数量，并将其结果填到相应表格的栏目内，完成所有报表的填写。

（4）编制竣工决算说明

按照建设工程竣工决算说明的要求，编写文字说明。

（5）完成工程造价对比分析

（6）清理、装订竣工图

（7）上报主管部门审查

上述的文字说明和表格经核对无误，装订成册，即成为建设项目竣工决算文件。建设项目竣工决算文件需上报主管部门审查，其财务成本部分需送交开户银行签证。竣工决算文件在上报主管部门的同时，还应抄送有关设计单位。大、中型建设项目的竣工决算文件还应抄送财政部、建设银行总行和省、市、自治区的财政局和建设银行分行各一份。建设项目竣工决算的文件，由建设单位负责组织人员编写。

5.3 新增资产价值的确定

建设项目竣工投入运营（或使用）后，所花费的总投资形成了相应的资产。按照财务制度和会计准则，新增资产按资产性质可分为固定资产、流动资产、无形资产和其他资产四大类。本节仅讲授新增固定资产、流动资产、无形资产价值的确定方法。

5.3.1 新增固定资产价值的确定

新增固定资产价值是以独立发挥生产能力的单项工程为对象确定的。单项工程建成经有关部门验收鉴定合格，正式移交生产或使用，即应计算新增固定资产价值。一次交付生产或使用的工程一次计算新增固定资产价值，分期分批交付生产或使用的工程，应分期分批计算新增固定资产价值。计算新增固定资产价值时应注意以下几点：

1. 对于为了提高产品质量、改善劳动条件、节约材料、保护环境而建设的辅助工程，只要全部建成，正式验收交付使用后就要计入新增固定资产价值。

2. 对于单项工程中不构成生产系统，但能独立发挥效益的非生产性项目，如住宅、食堂、医务所、托儿所、生活服务网点等，在建成并交付使用后，也要计算新增固定资产价值。

3. 凡购置达到固定资产标准不需安装的设备、工具、器具，应在交付使用后计入新增固定资产价值。

4. 属于新增固定资产价值的其他投资，随同受益工程交付使用的，应同时一并计入受益工程。

5. 交付使用财产的成本，应按下列内容计算：

（1）房屋、建筑物、管道、线路等固定资产的成本包括：建筑工程成本和应分摊的待摊投资。

（2）动力设备和生产设备等固定资产的成本包括：需要安装设备的采购成本、安装工程成本、设备基础等建筑工程成本及应分摊的待摊投资。

（3）运输设备及其他不需要安装的设备、工具、器具、家具等固定资产一般仅计算采购成本，不计分摊的"待摊投资"。

6. 共同费用的分摊方法

新增固定资产的其他费用，如果是属于整个建设项目或两个以上单项工程的，在计算新增固定资产价值时，应在各单项工程中按比例分摊。分摊时，什么费用应由什么工程负担应按具体规定进行。一般情况下，建设单位管理费按建筑工程、安装工程、需安装设备价值总额按比例分摊；而土地征用费、勘察设计费则按建筑工程造价分摊。

【例 5-1】 某工业建设项目及其总装车间的建筑工程费、安装工程费、需安装设备费以及应摊入费用见表 5-8，计算总装车间新增固定资产价值。

项目名称	建筑工程	安装工程	需安装设备	建设单位管理费	土地征用费	勘察设计费
建设项目竣工结算	2000	400	800	60	70	50
总装车间竣工决算	500	180	320			

【解】

$$总装车间应分摊的建设单位管理费 = \frac{500+180+320}{2000+400+800} \times 60 = 18.75(万元)$$

$$总装车间应分摊的土地征用费 = \frac{500}{2000} \times 70 = 17.5(万元)$$

$$总装车间应分摊的勘察设计费 = \frac{500}{2000} \times 50 = 12.5(万元)$$

$$总装车间新增固定资产价值 = (500+180+320) + (18.75+17.5+12.5)$$
$$= 1048.75(万元)$$

5.3.2 新增流动资产价值的确定

流动资产是指可以在一年或者超过一年的营业周期内变现或者耗用的资产，包括：现金、存货（指企业的库存材料、在产品、产成品、商品等）、银行存款、短期投资、应收账款及预付账款等。

1. 货币性资金

货币性资金指现金、各种银行存款及其他货币资金。其中现金是指企业的库存现金，包括企业内部各部门用于周转使用的备用金；各种存款是指企业的各种不同类型的银行存款；其他货币资金是指除现金和银行存款以外的其他货币资金。货币性资金根据实际入账价值核定。

2. 应收及预付款项

应收款项是指企业因销售商品、提供劳务等应向购货单位或受益单位收取的款项。预付款项是指企业按照购货合同预付给供货单位的购货定金或部分货款。应收及预付款项包括应收票据、应收款项、其他应收款、预付货款和待摊费用。一般情况下，应收及预付款项按企业销售商品、产品或提供劳务时的成交金额入账核算。

3. 短期投资

短期投资包括股票、债券、基金。股票和债券根据是否可以上市流通分别采用市场法和收益法确定其价值。

4. 存货

各种存货应当按照取得时的实际成本计价。存货的形成主要有外购和自制两个途径，外购的存货按照买价加运输费、装卸费、保险费、途中合理损耗、入库加工、整理及挑选费用、缴纳的税金等计价；自制的存货按照制造过程中的各项支出计价。

5.3.3 新增无形资产价值的确定

1. 投资者投入无形资产价值确定

投资者以无形资产作为资本金或者合作条件投入时，按评估确认或合同协议约定的金额计价。

（1）购入的无形资产按照实际支付的价款计价；

（2）企业自创并依法申请取得专利的无形资产，按开发过程中的实际支出计价；

（3）企业接受捐赠的无形资产，按发票账单所持金额或者同类无形资产市价计价；

无形资产计价入账后，应在其有效使用期内分期摊销。

2. 不同形式无形资产的计价

（1）专利权的计价

专利权分为自创和外购两类。自创专利权的价值为开发过程中的实际支出，主要包括专利的研制成本和交易成本。研制成本包括直接成本和间接成本。直接成本是指研制过程中直接投入发生的费用（主要包括材料、工资、专用设备、资料、咨询鉴定、协作、培训和差旅等费用）；间接成本是指与研制开发有关的费用（主要包括管理费、非专用设备折旧费、应分摊的公共费用及能源费用）。交易成本是指在交易过程中的费用支出（主要包括技术服务费、交易过程中的差旅费及管理费、手续费、税金）。由于专利权是具有独占性并能带来超额利润的生产要素，因此专利权的转让价格不按成本估价，而是按照其所能带来的超额收益计价。

（2）非专利技术的计价

非专利技术具有使用价值和价值，使用价值是非专利技术本身应具有的，非专利技术的价值在于非专利技术的使用所能产生的超额获利能力，应在研究分析其直接和间接的获利能力的基础上计算其价值。如果非专利技术是自创的，一般不作为无形资产入账，自创过程中发生费用，按当期费用处理。对于外购非专利技术，应由法定评估机构确认后再进行估价，一般采用收益法估价。

（3）商标权的计价

如果商标权是自创的，一般不作为无形资产入账，而将商标设计、制作、注册、广告宣传等发生的费用直接作为销售费用计入当期损益。只有当企业购入或转入商标时，才需要对商标权计价。商标权的计价一般根据被许可方新增的收益确定。

（4）土地使用权的计价

根据取得土地使用权的方式不同，土地使用权可有以下几种计价方式：当建设单位向土地管理部门申请土地使用权并为之支付一笔出让金时，土地使用权作为无形资产核算；当建设单位获得土地使用权是通过行政划拨的，这时土地使用权就不能作为无形资产核算；在将土地使用权有偿转让、出租、抵押、作价入股和投资，按规定补交土地出让价款时，才作为无形资产核算。

5.4 工程保修

5.4.1 工程保修与保修费

1. 工程保修

工程保修是指工程办完交工验收手续后，在规定的保修期限内，因勘察设计、施工、材料等原因造成的质量缺陷，由责任单位负责维修。

项目竣工验收交付使用后，在一定期限内由施工单位到建设或用户处进行回访，对于发生的确实是由于施工单位责任造成的建筑物使用功能不良或无法使用的问题，由施工单位负责修理，直到达到正常使用的标准。保修回访制度属于建筑工程竣工后管理范畴。

工程保修范围和最低保修期限：

（1）保修范围

建筑工程的保修范围包括地基基础工程、主体结构工程、屋面防水工程和其他土建工程，以及电气管线、上下水管线的安装工程，供热、供冷系统工程等项目。

（2）保修期限

保修期限应按照保证建筑物合理寿命内正常使用的原则确定。具体保修范围和最低保修期限，按照国务院《建设工程质量管理条例》第四十条规定执行：

1）基础设施工程、房屋建筑的地基基础工程和主体结构工程，为设计文件规定的该工程的合理使用年限；

2）屋面防水工程、有防水要求的卫生间、房间和外墙面的防渗漏，为5年；

3）供热与供冷系统为2个采暖期、供冷期；

4）电气管线、给水排水管道、设备安装和装修工程，为2年；

5）其他项目的保修范围和保修期限由承发包双方在合同中规定。

建设工程的保修期自竣工验收合格之日算起。

建设工程在保修期内发生质量问题的，承包商应当履行保修义务，并对造成的损失承担赔偿责任。凡是由于用户使用不当而造成建筑功能不良或损坏，不属于保修范围；凡属工业产品项目发生问题，也不属保修范围。以上两种情况应由建设单位自行组织修理。

2.保修费用

保修费用是指对保修期间和保修范围内所发生的维修、返工等各项费用的支出。保修费用应按合同和有关规定合理确定和控制。保修费用一般可参照建筑安装工程造价的确定程序和方法计算，也可以按照建筑安装工程造价或承包工程合同价的一定比例计算（目前取5%）。

5.4.2　保修费用的处理

根据《中华人民共和国建筑法》规定，在保修费用的处理问题上，必须根据修理项目的性质、内容以及检查修理等多种因素的实际情况，区别保修责任的承担问题，对于保修的经济责任的确定，应当由有关责任方承担。由建设单位和施工单位共同商定经济处理办法。

1.承包单位未按国家有关规范、标准和设计要求施工，造成的质量缺陷，由承包单位负责返修并承担经济责任。

2.由于设计方面的原因造成的质量缺陷，由设计单位承担经济责任，可由施工单位负责维修，其费用按有关规定通过建设单位向设计单位索赔，不足部分由建设单位负责协同有关各方解决。

3.因建筑材料、建筑构配件和设备质量不合格引起的质量缺陷，属于承包单位采购的或经其验收同意的，由承包单位承担经济责任；属于建设单位采购的，由建设单位承担经济责任。

4.因使用单位使用不当造成的损坏问题，由使用单位自行负责。

5.因地震、洪水、台风等不可抗力原因造成的损坏问题，施工单位、设计单位不承担经济责任，由建设单位负责处理。

6.根据《中华人民共和国建筑法》第七十五条的规定，施工企业违反该法规定，不履行保修义务的，责令改正，可以处以罚款。在保修期间因屋顶、墙面渗漏、开裂等质量缺陷，有关责任企业应当依据实际损失给予实物或价值补偿。质量缺陷因勘察设计原因、监理原因或者建筑材料、建筑构配件和设备等原因造成的，根据民法规定，施工企业可以在保修和赔偿损失之后，向有关责任者追偿。因建设工程质量不合格而造成损害的，受损害人有权向责任者要求赔偿。因建设单位或者勘察设计原因、施工原因、监理原因产生的建设质量问题，造成他人损失的，以上单位应当承担相应的赔偿责任。受损害人可以向任何一方要求赔偿，也可以向以上各方提出共同赔偿要求。有关各方之间在赔偿后，可以在查明原因后向真正责任人追偿。

7. 涉外工程的保修问题，除参照上述办法处理外，还应依照原合同条款的有关规定执行。

综合案例分析

1. 背景资料

某工业建设项目从 2008 年初开始实施，到 2009 年底的财务核算资料如下：

（1）已经完成部分新建单项工程，经验收合格后交付使用的资产有：

1）固定资产 74793 万元；

2）为生产准备的使用期限在一年以内的随机备件、工具、器具 29361 万元。期限在一年以上，单件价值 2000 元以上的工具 61 万元；

3）建筑期内购置的专利权与非专利技术 1700 万元，摊销期为 5 年；

4）筹建期间发生的开办费 79 万元。

（2）基本建设支出的项目有：

1）建筑工程与安装工程支出 15800 万元；

2）设备工器具投资 43800 万元；

3）建设单位管理费、勘察设计费等待摊投资 2392 万元；

4）通过出让方式购置的土地使用权形成的其他投资 108 万元。

（3）非经营项目发生的待核销基本建设支出 40 万元。

（4）应收生产单位投资借款 1500 万元。

（5）购置需要安装的器材 49 万元，其中待处理器材损失 15 万元。

（6）货币资金 480 万元。

（7）预付工程款及应收有偿调出器材款 20 万元。

（8）建设单位自用的固定资产原价 60220 万元，累计折旧 10066 万元。

（9）反映在《资金平衡表》上的各类资金来源的期末余额为：

1）预算拨款 48000 万元；

2）自筹资金 60508 万元；

3）其他拨款 300 万元；

4）建设单位向银行借入的资金 109287 万元；

5）建设单位当年完成的交付生产单位使用的资产价值中，有 160 万元属于利用投资借款形成的待冲基本建设支出；

6）应付器材销售商 37 万元货款和应付工程款 1963 万元尚未支付；

7）未交税金 28 万元。

2. 问题

（1）填写交付使用资产与在建工程数据表 5-9。

表 5-9

交付使用资产与在建工程数据表

资金项目	金额（万元）	资金项目	金额（万元）
（一）交付使用资产		（二）在建工程	
1. 固定资产		1. 建筑安装工程投资	
2. 流动资产		2. 设备投资	
3. 无形资产		3. 待摊投资	
4. 其他资产		4. 其他投资	

（2）编制大、中型建设项目竣工财务决算表。

（3）计算基本建设结余资金。

3. 知识点

（1）各种费用的归类。

（2）基本建设竣工财务决算表的编制。

4. 分析思路与参考答案

（1）问题 1

填写《交付使用资产与在建工程数据表》中的有关数据，是为了了解建设期的在建工程的核算，主要在"建筑安装工程投资"、"设备投资"、"待摊投资"、"其他投资"四个会计科目中反映。当年已经完工、交付生产使用资产的核算主要在"交付使用资产"科目中反映，并分为固定资产、流动资产、无形资产、其他资产等明细科目。

在填写《交付使用资产与在建工程数据表》的过程中，要注意各资金项目的归类，即哪些资金应归入到哪些项目中去。具体的资金项目归类与数据填写见表 5-10。

表 5-10

交付使用资产与在建工程数据表（资金平衡表）

资金项目	金额（万元）	资金项目	金额（万元）
（一）交付使用资产	105940	（二）在建工程	62100
1. 固定资产	74800	1. 建筑安装工程投资	15800
2. 流动资产	29361	2. 设备投资	43800
3. 无形资产	1700	3. 待摊投资	2392
4. 递延资产	79	4. 其他投资	108

1）固定资产指使用期限超过一年，单位价值在规定标准以上（一般不超过 2000 元），并在使用过程中保持原有物质形态的资产。从背景资料中可知，满足这两个条件的有：固定资产 74739 万元；期限在一年以上，单件价值 2000 元以上的工具 61 万元。因此《资金平衡表》中的固定资产为：

$$74739+61=74800（万元）$$

2）流动资产是指可以在一年内或超过一年的一个营业周期内变现或者运用的资产。

对于不同时具备固定资产两个条件的低值易耗品也计入流动资产范围。所以《资金平衡表》中的流动资产为：

为生产准备的使用期限在一年以内的随机备件、工具、器具 29361 万元。

3）无形资产是指企业长期使用，但没有实物形态的资产，如专利权、著作权、非专利技术、商誉等。资金平衡表中的无形资产为：

该项目建设期内购置的专利权与非专利技术 1700 万元。

4）其他资产是指不能全部计入当年损益，应在以后年度摊销的费用，如开办费、租入固定资产的改良工程支出等。资金平衡表中的其他资产为：

筹建期间发生的开办费 79 万元。

5）建筑安装工程投资、设备投资、待摊投资、其他投资四项可直接在背景资料中找到，填入即可。

（2）问题 2

竣工决算是指建设项目或单项工程竣工后，建设单位编制的总结性文件。竣工结算由竣工结算报表、竣工财务决算说明书、工程竣工图和工程造价分析四部分组成。《大、中型建设项目竣工财务决算表》是竣工决算报表体系中的一份报表。通过编制《大、中型建设项目竣工财务决算表》，熟悉该表的整体结构及各组成部分的内容。大、中型建设项目竣工财务决算表的形式见表 5-4，本项目竣工财务决算表中数据的填写见表 5-11。

大、中型建设项目竣工财务决算表　　　　　　　　表 5-11

资金来源	金额（万元）	资金占用	金额（万元）
一、基建拨款	108808	一、基本建设支出	168080
1. 预算拨款	48000	1. 交付使用资产	105940
2. 基建基金拨款		2. 在建工程	62100
其中：国债专项基金拨款		3. 待核销基建支出	40
3. 专项建设基金拨款		4. 非经营项目转出投资	
4. 进口设备转账拨款		二、应收生产单位投资借款	1500
5. 器材转账		三、拨付所属投资借款	
6. 煤代油专用基金拨款		四、器材	49
7. 自筹资金拨款	60508	其中：待处理器材损失	15
8. 其他拨款	300	五、货币资金	480
二、项目资产		六、预付及应收款	20
1. 国家资本		七、有价证券	
2. 法人资本		八、固定资产	50154
3. 个人资本		固定资产原值	60220
4. 外商资本		减：累计折旧	10066
三、项目资本公积		固定资产净值	50154
四、基建借款	109287	固定资产清理	
其中：国债转贷		待处理固定资产损失	
五、上级拨入投资借款			

资金来源	金额（万元）	资金占用	金额（万元）
六、企业债券资金			
七、待冲基建支出	160		
八、应付款	2000		
九、未交款	28		
1. 未交税金	28		
2. 其他未交款			
十、上级拨入资金			
十一、留成收入			
合计	220283	合计	220283

（3）问题三

由本章相关知识知：

基建结余资金＝基建拨款＋项目资本＋项目资本公积金＋基建借款＋企业债券资金

＋待冲基建支出－基建支出－应收生产单位投资借款

＝108808＋109287＋160－168080－1500

＝48675（万元）

练 习 题

一、单项选择题

1. 下列建设项目，还不具备竣工验收条件的是( )。

A. 工业项目经负荷试车，试生产期间能正常生产出合格产品形成生产能力的

B. 非工业项目符合设计要求，能够正常使用的

C. 工业项目虽可使用，但少数设备短期不能安装，工程内容未全部完成的

D. 工业项目已完成某些单项工程，但不能提前投料试车的

2. 可以进行竣工验收工程的最小单位是( )。

A. 分部分项工程　　　B. 单位工程　　　　C. 单项工程　　　　D. 工程项目

3. 竣工决算的计量单位是( )。

A. 实物数量和货币指标

B. 建设费用和建设成果

C. 固定资产价值、流动资产价值、无形资产价值、递延和其他资产价值

D. 建设工期和各种技术经济指标

4. 某住宅在保修期限及保修范围内，由于洪水造成了该住宅的质量问题，其保修费用应( )承担。

A. 施工单位　　　　　B. 设计单位　　　　C. 使用单位　　　　D. 建设单位

5. 在建设工程竣工验收步骤中，施工单位自验后应由( )。

A. 建设单位组织设计、监理、施工等单位对工程等级进行评审

B. 质量监督机构进行审核

C. 施工单位组织设计、监理等单位对工程等级进行评审

D. 若经质量监督机构审定不合格，责任单位需返修

6. 承包商自验是指承包商在完成承包的工程后，自行对所完成的项目进行检查的过程，自验不包括( )。

A. 基层施工单位自验

B. 项目经理自验

C. 监理工程师预验

D. 公司级预验

7. 单项工程验收的组织方是( )。

A. 建设单位　　　　B. 施工单位　　　C. 监理工程师　　　D. 质检部门

8. 关于竣工结算说法正确的是( )。

A. 建设项目竣工决算应包括从筹划到竣工投产全过程的直接工程费用

B. 建设项目竣工决算应包括从动工到竣工投产全过程的全部费用

C. 新增固定资产价值的计算应以单项工程为对象

D. 已具备竣工验收条件的项目，如两个月内不办理竣工验收和固定资产移交手续则视同项目已正式投产

9. 保修费用一般按照建筑安装工程造价和承包工程合同价的一定比例提取，该提取比例是( )。

A. 10%　　　　　　B. 5%　　　　　　　C. 15%　　　　　D. 20%

10. 土地征用费和勘察设计费等费用应按( )比例分摊。

A. 建筑工程造价

B. 安装工程造价

C. 需安装设备价值

D. 建设单位其他新增固定资产价值

11. 按照下表所给数据计算总装车间应分摊的建设单位管理费( )万元。

项目名称	建筑工程造价	安装工程造价	需安装设备费用	建设单位管理费	土地征用费
建设项目决算	2000	800	700	60	80
总装车间决算	500	180	300		

A. 15　　　　　　　B. 16.8　　　　　　C. 14.57　　　　D. 19.2

12. 按照11题表所给数据计算总装车间应分摊的土地征用费( )万元。

A. 25.6　　　　　　B. 22.4　　　　　　C. 19.42　　　　D. 20

13. 下列关于保修责任的承担问题说法不正确的是( )。

A. 由于设计方面原因造成质量缺陷，由设计单位承担经济责任

B. 由于建筑材料等原因造成缺陷的，由承包商承担责任

C. 因使用不当造成损害的，使用单位负责

D. 因不可抗力造成损失的，建设单位负责

14. 建设项目的"动用验收"是由( )按照《建设项目竣工验收办法》的规定向负责验收的单位提出申请报告。

A. 负责施工的承包商

B. 负责工程监理的监理公司

C. 发包方或建设项目主管部门　　　　　D. 动用验收委员会

15. 单项工程正式验收需要按照合同和国家标准进行检查，下面哪项不属于验收中检查的项目（　　）。

A. 进度是否满足工期要求　　　　　　　B. 已完工程是否有漏项

C. 隐蔽工程验收资料　　　　　　　　　D. 关键部位的施工记录

16. 建设项目全部施工完成后，在正式验收前需要进行预验收。不需要参加预验收的单位是（　　）。

A. 监理单位　　　B. 设计单位　　　C. 承包单位　　　D. 贷款银行

17. 竣工决算是项目竣工后，由（　　）编制的综合反映项目从筹建起到竣工交付使用止的全部建设费用、建设成果和财务情况的总结性文件。

A. 施工单位　　　　　　　　　　　　　B. 建设单位

C. 监理单位　　　　　　　　　　　　　D. 工程造价咨询单位

18. 已具备竣工验收条件的建设项目，应该在三个月内填报（　　）。

A. 建设项目交付使用资产明细表　　　　B. 建设项目竣工财务决算表

C. 建设项目竣工财务决算审批表　　　　D. 建设项目概况表

19. 建设工程竣工图是真实记录各种地上、地下建筑物和构筑物情况的技术文件，是国家的重要技术档案。凡按图竣工没有变动的，由（　　）在原施工图加盖"竣工图"标志作为竣工图。

A. 发包方　　　B. 承包商　　　C. 设计单位　　　D. 监理公司

20.（　　）建成经有关部门验收鉴定合格，正式移交生产或使用即应计算新增固定资产价值。

A. 分部工程　　　B. 单位工程　　　C. 单项工程　　　D. 建设项目

二、多项选择题

1. 建设项目竣工验收的主要依据包括（　　）。

A. 可行性研究报告　　　　　　　　　　B. 设计文件

C. 招标文件　　　　　　　　　　　　　D. 合同文件

E. 技术设备说明书

2. 建设项目竣工验收的内容可分为（　　）。

A. 建设工程项目验收　　　　　　　　　B. 工程资料验收

C. 工程财务报表验收　　　　　　　　　D. 工程内容验收

E. 工程材料验收

3. 关于竣工决算的概念，下面正确的是（　　）。

A. 竣工决算是竣工验收报告的重要组成部分

B. 竣工决算是核定新增固定资产价值的依据

C. 竣工决算是反映建设项目实际造价和投资效果的文件

D. 竣工决算在竣工验收之前进行

E. 竣工决算是考核分析工程建设质量的依据

4. 竣工决算的内容包括（　　）。

A. 竣工决算报表　　　　　　　　　　　B. 竣工情况说明书

C. 竣工工程概况表   D. 竣工工程预算表

E. 交付使用的财产表

5. 因变更需要重新绘制竣工图，下面关于重新绘制竣工图的说法正确的是（   ）。

A. 由设计原因造成的，由设计单位负责重新绘制

B. 由施工原因造成的，由施工单位负责重新绘制

C. 由其他原因造成的，由设计单位负责重新绘制

D. 由其他原因造成的，由建设单位或建设单位委托设计单位负责重新绘制

E. 由其他原因造成的，由施工单位负责重新绘制

6. 工程造价比较分析的内容有（   ）。

A. 主要实物工程量

B. 主要材料消耗量

C. 主要工程的质量

D. 建设单位管理费、措施费取费标准

E. 考核间接费总额是否超标

7. 建设项目竣工投入使用后，所花费的总投资形成了相应的资产，按照规定需要计入新增资产。新增资产包括（   ）。

A. 固定资产   B. 流动资产

C. 债权资产   D. 无形资产

E. 其他资产

8. 建设项目的竣工决算文件包括（   ）等方面的内容。

A. 竣工工程进度表   B. 竣工决算报告情况说明书

C. 竣工财务决算报表   D. 建设工程竣工图

E. 工程造价比较分析

9. 按照国务院《建设工程质量管理条例》第四十条的规定，下面正确的保修期限选项是（   ）。

A. 房屋建筑的主体结构工程为设计文件规定的该工程合理使用年限

B. 屋面防水工程的防渗漏为 5 年

C. 有防水要求卫生间的防渗漏为 3 年

D. 电气管线、给水排水管道为 2 年

E. 装修工程为 1 年

10. 小型建设项目竣工财务决算报表包括（   ）。

A. 交付使用资产总表

B. 建设项目竣工财务决算审批表

C. 建设项目概况表

D. 建设项目竣工财务决算总表

E. 建设项目交付使用资产明细表

三、分析计算题

1. 某建设项目及其主要生产车间的有关费用如下表所示，计算该车间新增固定资产的价值。

费用类别	建筑工程费（万元）	设备安装费（万元）	需安装设备价值（万元）	土地征用费（万元）
建设项目竣工决算	1000	450	600	50
生产车间竣工决算	250	100	280	

2. 已知某项目竣工财务决算表如下，试计算其基建结余资金。

资金来源	金额（万元）	资金占用	金额（万元）
基建拨款	2300	应收生产单位投资借款	1200
项目资本	500	基本建设支出	900
项目资本公积金	10		
基建借款	700		
企业债券资金	300		
待冲基建支出	200		

3. 某建设单位拟编制某工业生产项目的竣工决算。该项目包括 A、B 两个主要生产车间和 C、D、E、F 四个辅助生产车间及若干办公、生活建筑物。在建设期内，各单项工程竣工决算数据见下表（表中单位：万元）。工程建设其他投资完成情况如下：支付行政划拨土地的土地征用及迁移费 500 万元，支付土地使用权出让金 700 万元，建设单位管理费 400 万元（其中 300 万元构成固定资产），勘察设计费 340 万元，专利费 70 万元，非专利技术费 30 万元，获得商标权 90 万元，生产职工培训费 50 万元。

项目名称	建筑工程	安装工程	需安装设备	不需安装设备	生产工器具	
					总额	达到固定资产标准
A 生产车间	1800	380	1600	300	130	80
B 生产车间	1500	350	1200	240	100	60
辅助生产车间	2000	230	800	160	90	50
附属建筑	700	40		20		
合计	6000	1000	3600	720	320	190

问题：

（1）什么是建设项目竣工决算？竣工决算包括哪些内容？

（2）编制竣工决算的依据有哪些？

（3）如何编制竣工决算？

（4）试确定 A 生产车间的新增固定资产价值。

（5）试确定该建设项目的固定资产、流动资产、无形资产和其他资产价值。

练习题参考答案

教学单元1 练习题

一、单项选择题

1. B　　2. A　　3. B　　4. B　　5. C　　6. C　　7. A　　8. B　　9. B　　10. D

11. D　　12. C　　13. D　　14. B　　15. A　　16. B　　17. D　　18. A　　19. D　　20. C

二、多项选择题

1. ABDE　　2. CE　　3. ABCE　　4. ABE　　5. AC

6. ABCD　　7. ABD　　8. ACE　　9. BCD　　10. ABD

教学单元2 练习题

一、单项选择题

1. C　　2. D　　3. A　　4. D　　5. C　　6. C　　7. B　　8. A　　9. D　　10. A

11. B　　12. B　　13. B　　14. A　　15. D　　16. B　　17. A　　18. A　　19. B　　20. A

二、多项选择题

1. AB　　2. ABE　　3. ACDE　　4. BCDE　　5. ABC

6. ABD　　7. ABCD　　8. DE　　9. BDE　　10. ABC

教学单元3 练习题

一、单项选择题

1. C　　2. D　　3. C　　4. B　　5. B　　6. A　　7. D　　8. B　　9. D　　10. C

11. A　　12. B　　13. A　　14. C　　15. B　　16. D　　17. C　　18. B　　19. A　　20. B

二、多项选择题

1. CDE　　2. ABD　　3. CD　　4. ABC　　5. ACE

6. ADE　　7. BDE　　8. BDE　　9. ABC　　10. ABD

教学单元4 练习题

一、单项选择题

1. C　　2. D　　3. B　　4. C　　5. A　　6. D　　7. D　　8. C　　9. A　　10. C

11. C　　12. D　　13. B　　14. C　　15. A　　16. D　　17. C　　18. C　　19. A　　20. C

1. BCD   2. ABE   3. ABDE   4. AE   5. CE

6. ACE   7. CDE   8. CD   9. ACE   10. ABCD

教学单元5　练习题

一、单项选择题

1. D   2. B   3. A   4. D   5. A   6. C   7. A   8. C   9. B   10. A

11. B   12. D   13. B   14. C   15. A   16. D   17. B   18. C   19. B   20. C

二、多项选择题

1. ABDE   2. BD   3. ABC   4. AB   5. ABD

6. ABD   7. ABDE   8. BCDE   9. ABD   10. BDE

参 考 文 献

［1］ 夏清东，刘钦主编. 工程造价管理. 北京：科学出版社，2004.

［2］ 全国造价工程师执业资格考试培训教材编审组. 工程造价计价与控制. 北京：中国计划出版社，2009.

［3］ 全国造价工程师执业资格考试培训教材编审组. 工程造价案例分析. 北京：中国城市出版社，2009.

［4］ 杜晓玲主编. 全国造价工程师执业资格考试模拟题库精解. 北京：中国计划出版社，2008.

［5］ 中华人民共和国住房和城乡建设部令. 工程造价咨询企业管理办法. 2006.

［6］ 人事部，住房和城乡建设部. 造价工程师执业资格制度暂行规定. 1996.

［7］ 全国造价工程师执业资格考试培训教材编审委员会. 全国注册造价工程师执业资格考试大纲. 北京：中国计划出版，2009.

［8］ 中国建设工程造价管理协会编. 全国造价工程师执业资格考试复习指南. 北京：机械工业出版社，2009.

［9］ 住房和城乡建设部，财政部. 建筑安装工程费用项目组成. 2003.

［10］ 全国造价工程师执业资格考试培训教材编审组. 工程造价管理基础理论与相关法规. 北京：中国计划出版社，2009.